家居空间细部设计
JIAJUKONGJIAN XIBU SHEJI

哑 口

金长明　赵子夫》》》主编

编写说明

　　哑口装饰是家装中较为重要、又经常为人们所忽视的部分，尤其是哑口楣，迄今为止，尚无系统的设计和装饰资料。

　　哑口中的"口"是迎福纳祥的"口"。哑口楣的装饰，意在提升现代装饰文化对人们向往未来之诉求的满足。哑口楣中匾额、楹联的运用，既能从形式上供人欣赏，又能从内容上起到警示、自勉、烘托、点题的作用，是室内装饰的精华。

　　哑口楣的造型特征，从传统建筑的装饰上吸收营养，遵循传统美的造型规律，两头高起或翘起，动静交替、虚实相济，亦动亦静、静中有动，表现一种超越与提升。其挺拔向上，寓意每个家庭的未来发展以及个人事业的丰富多彩、蒸蒸日上。

　　本书每页下部是关于理想家居环境营造和家庭装修工艺方面的文字，方便读者查阅。

　　本书还附赠光盘，含不同风格特征的家装图片396幅，内容包括门厅、客厅、餐厅、卧室等室内环境，为读者提供更多的参考。

辽宁科学技术出版社

本书编委会

主　编　　金长明　　赵子夫
副主编　　赵成波　　李　嵘　　李秋实　　曾　琳
编　者　　唐　利　　曹　雪　　车鸿雁　　陈艺文　　陈　跃　　陈　卓　　丁　舒　　杜　波　　冯　晶　　侯国斌
　　　　　江永慧　　姜传奇　　姜恩文　　寇彬彬　　冷享书　　李　博　　李佳臻　　李　强　　李星儒　　马楠林
　　　　　马　添　　孟　红　　苗　威　　孙海啸　　孙铭璐　　田庆阳　　田　茹　　田　帅　　佟　亮　　王　昊
　　　　　王佳娓　　王艺潭　　王奕文　　吴　洋　　吴　智　　夏姗姗　　谢子阳　　邢加宁　　徐　莹　　杨　楠
　　　　　于智玲　　张彦菲　　赵　婧　　赵　楠　　赵　睿　　郑　璐　　周贺贺　　朱凌云

图书在版编目(CIP)数据

家居空间细部设计. 哑口 / 金长明，赵子夫主编. —沈
阳：辽宁科学技术出版社，2013.2
ISBN 978-7-5381-7915-6

Ⅰ. ①家…　Ⅱ. ①金…　②赵…　Ⅲ. ①住宅—室内装
饰设计—细部设计—图集　Ⅳ. ①TU241-64

中国版本图书馆 CIP 数据核字（2013）第 039384 号

出版发行：辽宁科学技术出版社
　　　　　（地址：沈阳市和平区十一纬路29号　邮编：110003）
印 刷 者：沈阳天择彩色广告印刷有限公司
经 销 者：各地新华书店
幅面尺寸：210mm×285mm
印　　张：3.5
字　　数：90千字
出版时间：2013年2月第1版
印刷时间：2013年2月第1次印刷
责任编辑：郭　健
封面设计：曹　琳　刘　欣
版式设计：赵子夫　李　嵘
责任校对：栗　勇

书　　号：ISBN 978-7-5381-7915-6
定　　价：24.80元（附赠光盘）

联系电话：024-23284536　13898842023
邮购热线：024-23284502
E-mail：1013614022@qq.com
http://www.lnkj.com.cn
本书网址：www.lnkj.cn/uri.sh/7915

阅读引导

家居空间细部设计
家庭装修

哑
D

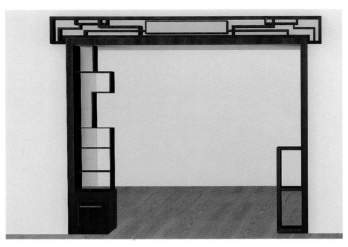

▲设计 / 曹雪

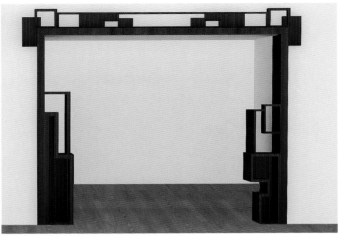

▲设计 / 曹雪

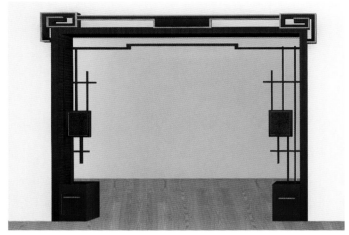

▲设计 / 曹雪

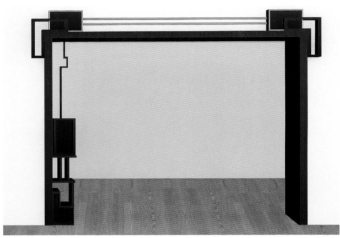

▲设计 / 曹雪

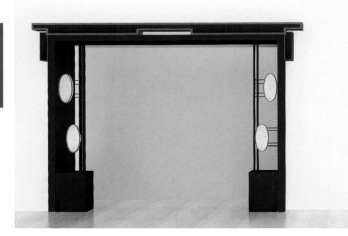

▲设计 / 曹雪

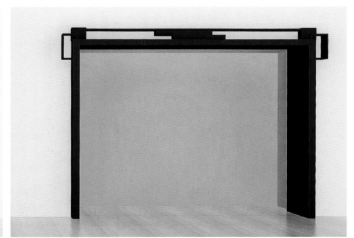

▲设计 / 曹雪

■理想家居环境

●天人合一与和谐家居

"天人合一"产生于古老的中国，但是在日常生活中，可以很容易地以现代的方法应用它。它所表达的理念是具有普遍性的，它不是一种宗教，也不妨碍任何形式的精神信仰。它通过制造积极的能量，从某种程度上内在和外在地滋养着人们的身心，改善人们的生活，因此才被大量应用到拥有不同文化背景的国家当中。

在家庭装修中，每个人都有自己独特的偏好，应用天人合一中的和谐方式，需要结合实际，选择最适合的方法，而且还要爱自己的家和家里所有的物品，这样才有可能在自己的空间内感觉到舒适。

天人合一中的和谐有四个范畴，这四个范畴是：实用和谐、能量和谐、符号和谐、个人和谐。上述四个方面是相互影响的，和谐的基本思想就是建立在外界所有事物都会对生活产生影响之上的。一旦很好地结合了这四种范畴，它们就能够良好地运

▲ 设计／邢加宁

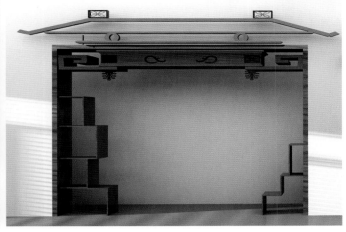

▲ 设计／邢加宁

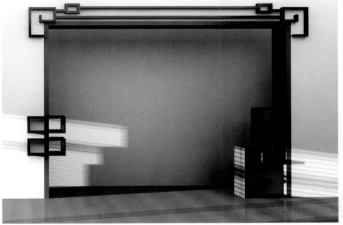

▲ 设计／陈艺文

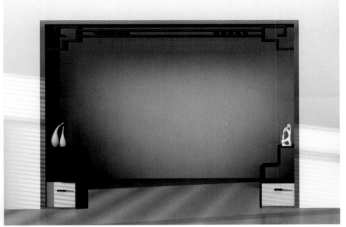

▲ 设计／陈艺文

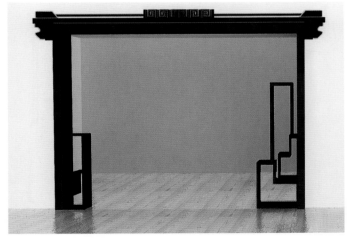

▲ 设计／曹雪

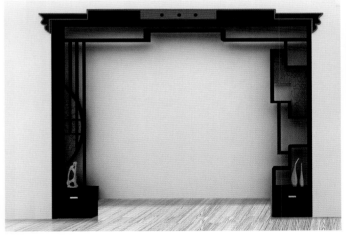

▲ 设计／江永慧

作，给人们的生活带来积极的变化。实用和谐——体现获得快乐和健康而布置周围环境的有逻辑、可感知的方法；能量和谐——体现能量通过居住的每一个房间微妙地影响生活的方式；符号和谐——体现房间内的物品如何反映主人是谁，要向哪里去；个人和谐——体现身体、情感、意识以及精神力量如何影响个人成就。多数情况下，让人感觉悦目舒心的环境往往就有好的和谐表现，因此，直觉会告诉人该怎样布置房间。"实用和谐"对人来说应该是很熟悉的，几乎不用专门学习什么理论，就知道对自己说"该这样做"或者"就这么办，不错"。例如：有的家里可能放着前夫（妻）的照片，大家都知道应该拿走那些让人回忆起过去的东西，尽管有时候放手可能并不是那么容易，但人终究要和那个过去的人和事、记忆和心情拉开距离，绝不希望总是被过去配偶的能量包围。这样做了，就会有积极的效果，这也就是现实中和谐的效应。

●哑口

哑口是指同一房间内不同区域相连处的通道，不安门，而是包套，做造型，做护角。

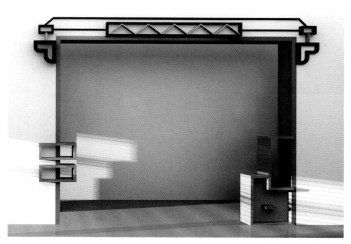

▲设计/陈艺文

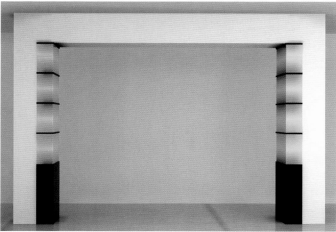

▲设计/车鸿雁

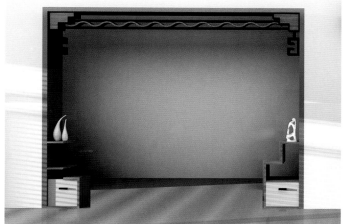

▲设计/陈艺文

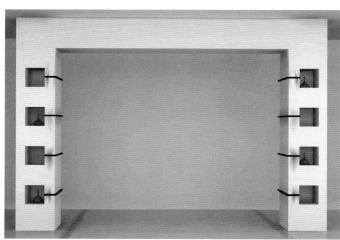

▲设计/车鸿雁

哑
D

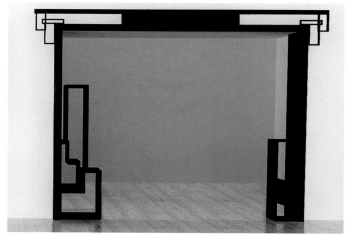

▲设计/曹雪

▲设计/车鸿雁

家装细部

　　哑口是没有门的出入口，哑口套是用来包出入口的墙边框，是起装饰作用的。没装门的套叫哑口，装了门的就叫门套，如客厅与阳台之间包的那个口。

　　在过渡空间交换处设置哑口，做点睛处理，是承上启下、条理清晰的标志。忽视此处，则会造成人们心理感觉不完整，没有层次感。

●哑口的功用

　　安全　哑口的功能主要是防止哑口的墙角在日常生活中被磕碰。相连处的通道开口作哑口处理，避免阳角被碰豁难看，对墙角也起到保护作用，还能防止剐蹭弄脏。哑口洞口比较小而且经常会有搬动的物品通过，最好是包上哑口。

　　区域划分　哑口是两个不同区域的划分标志，常常处于门厅向客厅的过渡处、客厅向餐厅等的过渡处，客厅与

▲ 设计 / 陈艺文

▲ 设计 / 陈艺文

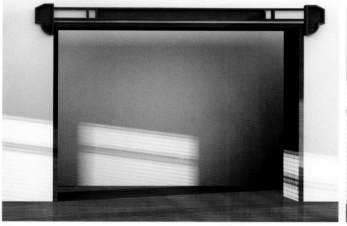

▲ 设计 / 陈艺文

▲ 设计 / 陈艺文

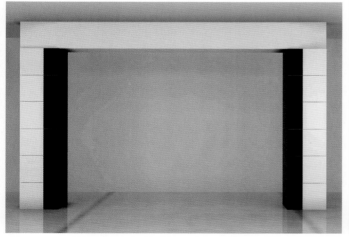

▲ 设计 / 车鸿雁

▲ 设计 / 陈跃跃

哑

D

阳台、客厅与走廊、客厅与卧室区及许多公用空间中都可以设置哑口，以界定两个不同的区域，起到分割空间的作用。

美观　哑口还能起到装饰作用。哑口的构成形式可以错落多变，这样给人以许多不同的心理感受，或古典庄重，或文雅含蓄，或潇洒大方，或抽象现代等等。哑口新颖独特、不拘一格的造型设计，会给人以美的艺术享受。

●哑口楣的形态特征

哑口框上端的装饰横木，即装在框上部的突凸的装饰纹样或装饰物件，也是挂匾额，署门额的地方。哑口楣越大，则越显示门户壮观。哑口楣的设置，只是为美观，是建筑的装饰品，并无结构功用。

哑口楣是从传统建筑的装饰上吸收经验，两头高起或翘起，动静交替、虚实相济，亦动亦静、静中有动，表现一种超越与提升。从形式上表现升发，挺拔向上，是传统文化在民众中的广泛共识，发展、求变、创新是不变的主题。梳理建筑文化的头绪也就是理清了门楣、窗楣、哑口在设计制作上的理念与构想，追寻建筑的发展历史，也就是跟上他们时

▲ 设计 / 侯国斌

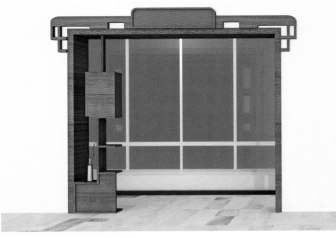

▲ 设计 / 侯国斌

▲ 设计 / 侯国斌

▲ 设计 / 侯国斌

▲ 设计 / 陈卓

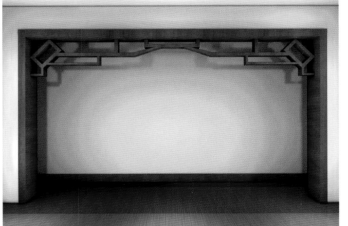

▲ 设计 / 杜波

哑
口

家装细部

而清晰、时而模糊、时而连续、时而中断的脚印。

● 哑口造型

　　不管是简约、时尚、田园、传统，还是现代风格，都可以进行哑口的装饰处理，主要是根据家庭装修的风格，统一设计、统一色调、同一材质，会使整体空间环境感觉更加强烈。

　　哑口文化品位　哑口造型处理非常强调文化品位。空间分隔"隔而不断""似隔非隔"，多用虚拟手法，借鉴中国传统文化的天穹罩、落地罩、博古架、隔扇门、锦格、冰裂纹、门、券口、角隅等传统方法，与现代手法相交融处理，极有特色，有很强的装饰性。为今天的哑口设计提供了大量的素材。更有欧式的拱门、柱头等曲线艺术与现代手法共融，也丰富了装饰空间。而现代构成艺术中的疏密关系、材质对比特色、凹凸洞设灯光照明、玻璃陈设构成艺术、白钢材料的简洁个性，更是极大地丰富了哑口陈设艺术语言。

08

▲ 设计 / 侯国斌

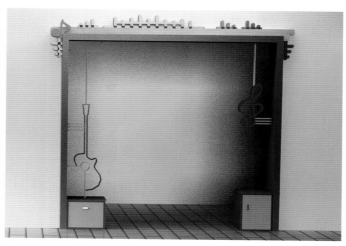

▲ 设计 / 侯国斌

▲ 设计 / 侯国斌

▲ 设计 / 侯国斌

▲ 设计 / 陈卓

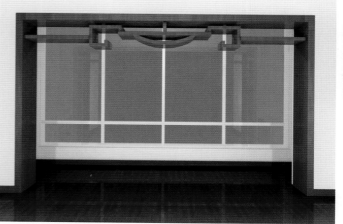

▲ 设计 / 陈卓

传统中的哑口 传统中的哑口就是在墙上开洞口，不装门扇，是一种特殊的门，既是通道，又是一种装饰手段。传统中哑口通常设在厅堂、廊、轩的两山，其外可以连接廊轩。在园林建筑中，哑口又作为取景、美化、化解封闭、沉闷的角落的一种手段，通过设置造型雅致的哑口达到使之既空灵、又丰富的美学效果。

因此哑口的设置，在选择位置、式样、尺寸以及在布景上很有讲究。在式样上，有圆形的月洞门，有取植物花样的海棠花形、莲花瓣形、牡丹瓣形、葫芦形、秋叶形，有仿照器物的汉瓶形、云头执圭形。此外，还有采取椭圆、六方、八方等几何形状的。另外，据有关资料记载，哑口样式还有剑环式、方壶式、花觚式、著草瓶式、唐罐式、圭窦式等富有装饰趣味的形式。虚者实之，实者虚之，虚实之间，透出无限玄机禅意。

● 哑口传统风格

楣板主题雕刻 在哑口楣板正面顶部作主题雕刻，题材有四季花卉——牡丹（春）、荷花（夏）、菊花（秋）、梅花

▲ 设计 / 江永慧

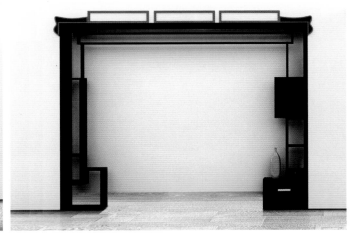

▲ 设计 / 江永慧

▲ 设计 / 侯国斌

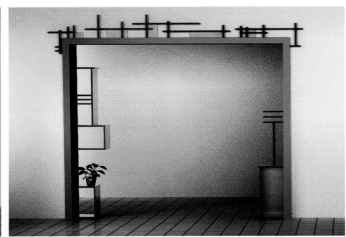

▲ 设计 / 侯国斌

▲ 设计 / 丁舒

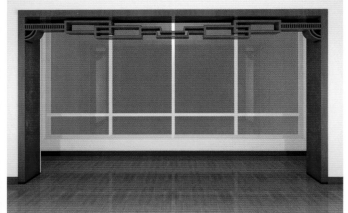

▲ 设计 / 陈卓

哑
D

家装细部

10

（冬），象征一年四季富庶吉祥；有团寿字、"福"字或"吉祥"、"平安"等古词，雕法多采用贴雕，雕好以后贴在哑口迎面上；对联多刻在哑口的两侧，通常采用锓阳字雕，属隐雕法，常使用名家手笔，具有很高的艺术价值。

　　花罩、花板装饰　哑口还可以采用花罩、花板造型处理。哑口内侧有用雀替的、用花罩的，花罩雕刻内容多为岁寒三友（松、竹、梅）、子孙万代（葫芦及枝蔓）、福寿绵长（寿桃枝叶及蝙蝠）一类世俗间常用的吉祥图案。也有采用回纹、拐子、寿字图案的。还有以四季花卉为主。檐枋和罩面枋之间嵌有透雕花板，雕刻内容多为蕃草和四季花草。

　　两侧花牙装饰　花牙装饰源于传统建筑柱角，表现了强大的承托力和无限的升发感，常用云牙、雀替、弓背牙等等装饰，其间或雕刻，或彩绘。在哑口两侧安装花牙子即是这种目的。雕刻内容为花草图案、回纹、蕃草、夔龙、夔凤图案等。木雕装饰的工艺技术较多，常见有平雕，就是在平面上通过线刻或阴刻的方法表现图案实体的雕刻。还有线雕，

▲ 设计 / 江永慧

▲ 设计 / 江永慧

▲ 设计 / 侯国斌

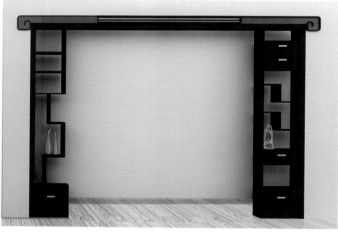

▲ 设计 / 江永慧

▲ 设计 / 吴洋

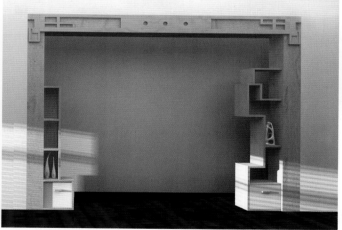

▲ 设计 / 田帅

是用刻刀直接将图案刻在木构件表面的雕法。现代的花牙子多用简单的线型贴饰或浅雕线型牙板，或直接用线型组合代替牙板。

博古架 哑口两侧或一侧下部设置为柜或抽屉，上部则设置博古架，上虚下实，再配以上部楣板装饰，古典而高雅。哑口间的博古架通透、错落、灵活多变，加之其间的陈设特征，使哑口更为活泼、雅致。

哑口上部造型装饰 哑口只在上部作造型，用传统纹样简化处理，用棱格、拐子、翘头、罗锅枨加矮老装饰，用线型作各种组合构成，高低错落、疏密有致、灵活多变，或是用回纹，或是拱形和弧形，或是牙子用线连接，虚实相间，通透高雅，别具一格。在中间挂一个匾额会格外的增加室内文化气氛。

哑口边饰 哑口立边可以吊挂一些装饰。吊挂吉祥装饰物如鞭炮、元宝坠、玉米挂、红辣椒、小水桶、钱挂、风铃、如意牌、吉祥结等等，象征吉祥、美满、和睦、财运高照。这些已经普遍被人们所喜爱，并升华出许多更富有情

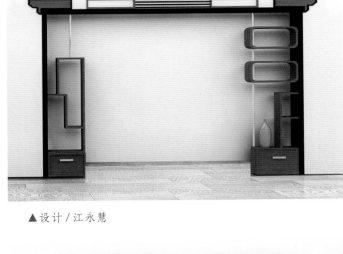

▲ 设计 / 江永慧

▲ 设计 / 江永慧

▲ 设计 / 姜传奇

▲ 设计 / 姜传奇

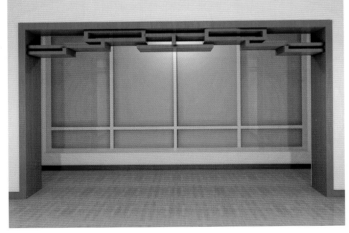

▲ 设计 / 陈卓

▲ 设计 / 马添

哑口

D

趣、更充满生活理想的装饰吊挂。然而，这些装饰都应该和必须依附于哑口楣的装饰基础之上，才会更好地发挥和表达出来。

● 哑口现代风格

哑口两侧两根金属圆杆外立板弧形与顶板连接，金属圆杆间高低错落木块，木材、金属红白相间、材质对比，别具特色。

哑口内水平木板、垂直木板间对称排列弧形造型，韵律之美油然而生。

哑口顶部用五线谱音符造型，动感十足；哑口内一侧用钢琴键做立面造型，排列出节奏，动静相依、别出心裁。

哑口内一侧两个抽屉中间可由左右错落的两根木杆连接，虚实相间，错落有致。另一侧两个立板间，两个圆弧倒角正方形空格也是左右错落，上下两小圆杆相对高低错落，轻盈活跃，新颖独特。

▲ 设计 / 姜恩文

▲ 设计 / 姜恩文

▲ 设计 / 姜传奇

▲ 设计 / 姜传奇

▲ 设计 / 陈卓

▲ 设计 / 陈卓

哑口包木套，上部中间前后设倒圆弧形金属杆造型，两侧前后用两金属杆连接，直线、曲线对比，不同材质对比，简洁中蕴含张力。

立板和横板交叉成井字形，上部横板两侧用两个菱形点缀，中间方框连接，轻巧挺拔中蕴含美丽。

哑口墙洞两侧顶天立地三根立柱，这是最简单的装饰法，用以消除哑口间的单调。用立柱连接在上下两横板中，一对白色小木块上中下交错点缀，似隔非隔，韵律之美油然而生。

宽大柱式凹凸立板交替出节奏美感，上部端部回纹造型，中间连接横板中设置两个矮老。中西结合，古今融汇，典雅大气，美不胜收。

哑口上楣部波浪曲线端部回纹收尾，外圆内方，动感十足，优美动人。下部内侧设置空格，曲直相间，轻盈别致。

哑

D

家装细部

▲ 设计 / 姜恩文

▲ 设计 / 姜恩文

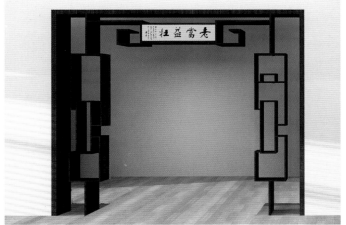

▲ 设计 / 李佳臻

▲ 设计 / 姜恩文

▲ 设计 / 田帅

▲ 设计 / 田帅

哑
口

14

家装细部

● 哑口楣的吉祥意义

哑口楣具有许多暗示的吉祥意义。常以中国传统中的吉祥图案作变形处理，取其中的吉祥寓意。

哑口楣有方形、长方形、菱形、六角形、八角形等样式，正面或雕刻，或描绘，以丰富多彩的纹样进行装饰，图案以四季花卉为多见，有四枚装饰的，分别雕以春兰夏荷秋菊冬梅，图案间还常见"吉祥如意""福禄寿德""天下太平"等字样。也有雕刻太极、八卦，或雕刻牡丹、葵花。太极、八卦是派生万物之本源，寓意如果房东做生意，可收"一本万利"之奇效。牡丹象征富贵，葵花象征多子，刻在哑口楣上，求的是荣华富贵、多子多孙。只有两枚装饰的，则多雕刻"吉祥"、"如意"等字样。

现代的哑口楣装饰特点发生了很大变化。现代人讲究格调高雅，含蓄，但又有一定的文化内涵和吉祥寓意。因此，常常借鉴了传统文化中常用的雀替牙子，如云牙、如意牙、百合牙、芝麻牙等等作门的饰角装饰；常用一些拐子纹、万

▲ 设计 / 寇彬彬

▲ 设计 / 寇彬彬

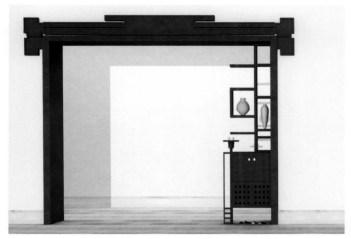

▲ 设计 / 寇彬彬

▲ 设计 / 寇彬彬

▲ 设计 / 陈卓

▲ 设计 / 盛倩

字纹、棱格、云头、牛角、翘沿、回纹等等作门楣的装饰。其传统文化与格调共同反映了某种对美好生活的向往，祈福。尤其在内门中，更是具有这种强烈的装饰寓意。

中国建筑的室内设计在装饰的形式和内容上，大都具有或突出了教化的意义，比如壁画、雕刻、匾额、楹联、书画、挂屏、钟鼎、铜镜、文房四宝等，其中匾额、楹联尤有特色，既能从形式上供人欣赏，又能从内容上起到警世、自勉、烘托和点题等作用。对哑口、门及门楣、窗楣的装饰意义则更为强烈。"病从口入，祸从口出，福从口来。"可见"口"的重要。因此民俗中把"福"倒贴于门、窗上的风俗得以延续至今。

● 哑口楣曲线的造型创意

哑口楣曲线的造型创意，来源于我国古代木构建筑大屋顶那向上反翘的、柔和美观的曲线，它反映了古人的审美理想。屋顶反曲线的出现最早大约在汉代，而在宋代，我国建筑屋顶曲线的发展达到了最成熟的阶段，一个屋顶上几乎找

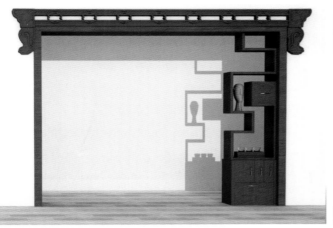

▲ 设计／寇彬彬

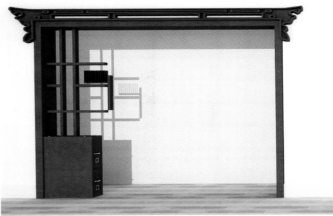

▲ 设计／寇彬彬

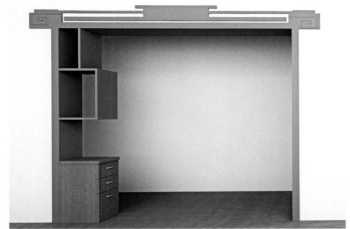

▲ 设计／冷享书

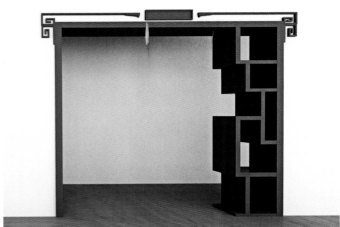

▲ 设计／冷享书

哑
D

▲ 设计／陈卓

▲ 设计／陈卓

家
装
细
部

16

不到一条直线，呈现出强烈的向上腾起的动势。这种以曲线为美，追求动感的建筑文化，一直延续到明清。在我国传统美学中，动静交替、虚实相济等对比法占有较大比重，反曲线向上的屋顶是这一美学法则在建筑艺术中的主要表现。反曲向上的大屋顶，四角起翘的屋角就具有向上的动感，使实的建筑变得更为轻巧，两者相配合，就创造出一种亦动亦静、静中有动的艺术效果，这与中国人的传统审美心理是完全吻合的。这种对建筑的沉重感、下沉感的反制与超越，也寓意着对现实生活的一种超越与提升。简单的现代哑口是不具有这种内涵的。因此，我们创造出多哑口楣的装饰形态，意在提升现代装饰文化对人们向往未来的诉求。并让人们了解哑口楣的装饰理念，有目的地装饰自己的居室。

●匾额

各种各样的匾额是我国传统建筑的一大特色。在古制中，匾是专门悬挂在厅堂和楼阁上边的题匾，而额是指镶嵌于家宅门额上的匾，但现在已经没有这种区别，而是通称为匾额，并悬挂于门、哑口之上。宋代以前，由于斗拱支撑深远

▲ 设计 / 李佳臻

▲ 设计 / 李佳臻

▲ 设计 / 李佳臻

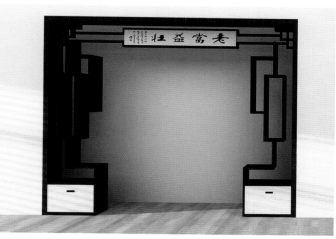

▲ 设计 / 李佳臻

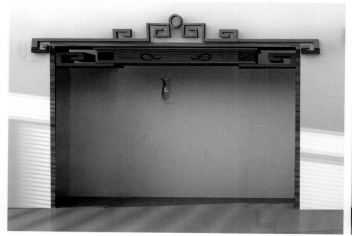

▲ 设计 / 邢加宁

▲ 设计 / 朱凌云

的出檐，所以匾额多为竖向。而宋代以后，檐部回缩，匾额也转而以横向为主。匾额是中国古典建筑与文化珠联璧合的范例。匾额的书法、名号浓缩着丰富的政治、经济和文化信息，使得建筑物被赋予了独特的意蕴。

匾额形式　从匾额形式来看，匾额的字体丰富多彩，真草隶篆兼容并包；匾额的色彩也十分丰富，蓝地、紫地、黄地、绿地、黑地，分别涂金色、银色、蓝色、绿色大字，美观庄重；书写内容更是多种多样，不一而足，有的匾额既铭字，又雕图，就更加丰富了要表现的内容，有强烈的艺术表现力。匾额的形状，唐以前一般为竖匾，从宋朝以后多为横匾，也有形式比较灵活的匾额，如：状如书卷者叫手卷额，形似册页者叫册页额，园林匾额中还有一种秋叶匾，形状如飘落的叶子。

匾额形状　现在我们常见的匾额形状如扇形匾、竹节匾、如意匾、海棠匾、四瓶连匾、云角匾、椭圆匾以及在横匾四角做各种造型的匾额。

▲设计/寇彬彬

▲设计/李佳臻

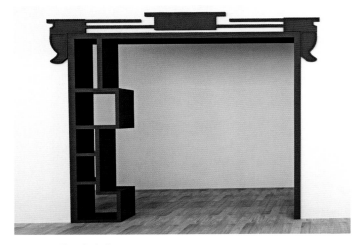

▲设计/冷享书

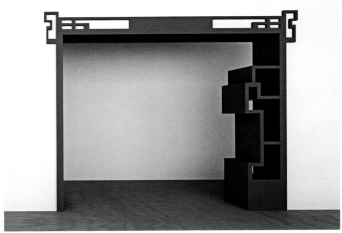

▲设计/冷享书

▲设计/夏姗姗

▲设计/于智玲

JIAJUKONGJIAN XIBU SHEJI 家居空间细部设计

哑D

18

家装细部

18

　　匾额含意　民居匾额往往是堂号，是用来表示姓氏、发扬祖风的匾额，通常选用与自家姓氏相关的成语或典故，镌刻在匾上。如："忠厚传家""三槐毓秀""香山遗派""百忍遗风""槐荫启秀"等。也有的直接称"堂"，如"立雪堂""爱莲堂""容恕堂""矜恕堂""慎思堂"。

　　有时候，匾额也是功名和荣誉的载体，有的匾额则是主人表明志趣风骨的招贴，题字修养学识不凡，性情风骨毕现。

　　最常见的牌匾，要算商家的字号，老字号是魅力无穷的无形资产。所谓"头顶'马聚源'，脚踩'内联升'，身穿'八大祥'，腰别'西天成'"，分别讲的是帽子、鞋子、衣服和烟袋；"丸散膏丹同仁堂，汤剂饮片鹤年堂"推举了两家老字号药店。清代钱泳《履园丛话》写道："酒店匾额曰'二两居'，楹贴曰'刘伶问道谁家好？李白回言此处高'，各处皆有。"这"二两居"之名，平实质朴，透着一股子萧散亲和之气。

　　匾额吉祥之意　商家匾额喜欢起吉祥名字乃是人情常理，朱彭寿的《安乐康平室随笔》用特殊的方法作了一个归纳：

▲ 设计 / 李强

▲ 设计 / 李强

▲ 设计 / 李强

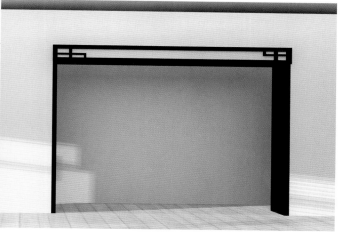

▲ 设计 / 李强

▲ 设计 / 冯晶

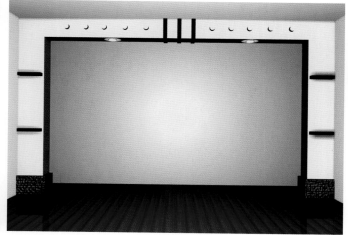

▲ 设计 / 冯晶

"市肆字号……余尝戏为一律以括之云：顺裕兴隆瑞永昌，元亨万利复丰祥；泰和茂盛同乾德，谦吉公仁协鼎光。聚益中通全信义，久恒大美庆安康；新春正合生成广，润发洪源厚福长。"诗固漫无意义，而言利字面，大抵尽此五十六字中，舍此而别立佳名，亦寥寥无几字矣。

匾额也有不少忌讳。最有趣的莫过于这个"门"字。清代《坚瓠壬集》载："门字两户相向，本地勾踢。宋都临安，玉牒殿灾，延及殿门，宰臣以门字有勾脚带火笔，故招火厄，遂撤额投火中乃息。后书门额者，多不勾脚。我朝南京宫城门额皆朱孔易所书，门字俱无勾脚。"

● 楹联与春联

楹联与春联是中国传统建筑大门上的一道醒目的风景，至今流传不衰，从春联到楹联，仍然是我们所熟稔的事物。

古代，桃木有"鬼怖木"之称，桃木有驱鬼辟邪效力的观点可说是深入人心。先秦就有"插桃枝于户，连灰其下，

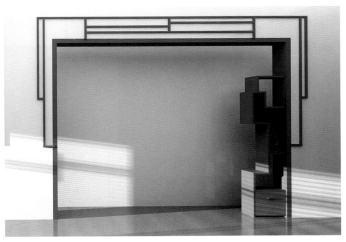

▲ 设计 / 李强

▲ 设计 / 杜波

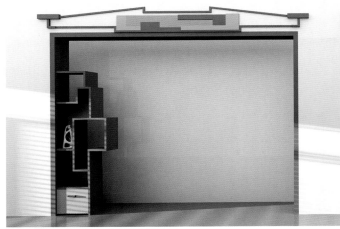

▲ 设计 / 李强

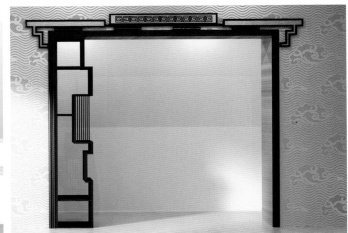

▲ 设计 / 李星儒

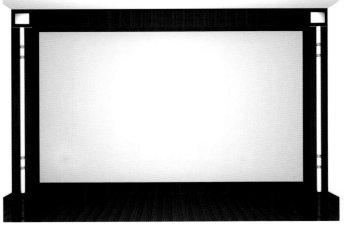

▲ 设计 / 冯晶

▲ 设计 / 陈卓

童子入不畏，而鬼畏之"的记载。神荼和郁垒这一对门神也同桃木有着渊源："性能执鬼，度朔山上立桃树下"。因此，刻桃木人驱鬼辟邪，成了古代中国人的一个重要风俗。这就是原始的"桃符"。

大概是为了方便吧，先民开始用桃木板代替桃木人，而在桃板上画神荼和郁垒的形象，用以代替雕刻桃木人。后来图画也似乎不够便捷，就直接在桃木板上写门神姓名，左写"神荼"，右写"郁垒"，这样，桃符就产生了，其功能还是照旧：辟鬼祛邪。王安石的名句"千门万户瞳瞳日，总把新桃换旧符"，这两句诗的意义在于传达了一个重要的信息，那就是桃符向春联的过渡。

春联是有季节、时间性的吉祥装饰，而楹联是四季皆可寓意的装饰。在明清时期文人们在厅堂、内门两侧开始吊挂四季皆可寓意的楹联。用木制或竹制楹联吊挂，更能增强室内文化气氛。中国的书法艺术和楹联中的文化内涵能充分表达各种不同的内心境界，是古人最常用的装饰方法，是中国文化的精粹，延续至今仍然为人们喜爱。新年家家户

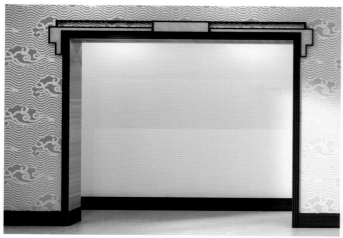

▲ 设计 / 李星儒

▲ 设计 / 李星儒

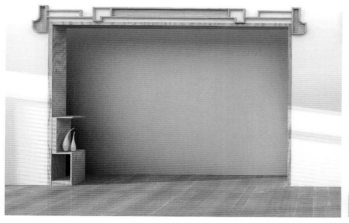

▲ 设计 / 马楠林

▲ 设计 / 马楠林

▲ 设计 / 吴洋

▲ 设计 / 郑璐

户贴对联，贴的是吉祥"符"，厅堂里久挂的楹联是兴家立业、祈吉消灾"符"。这是中国传统文化。这里介绍几幅楹联题材。

桐城派宗师吴汝纶有一副著名楹联"后十百年人才奋兴，胚胎于此；合东西国学问精粹，陶冶而成"，体现了桐城文人博大的教育眼光和文化襟怀。东林书院著名楹联"风声、雨声、读书声，声声入耳；家事、国事、天下事，事事关心"更是人人耳熟能详，那种由风声雨声引起的胸怀气度，可敬可颂，可歌可泣。"数点梅花亡国泪，二分明月故臣心"，史公祠庭院悬挂在飨堂前的一副著名楹联，由清代诗人张尔荩所撰，雄壮雅健，让人真切感受到史可法的凛然正气，词义深远，令人感叹。

从以上几副名联，我们可以看到一种崭新的襟怀风貌，对联从一种战战兢兢的防卫性辟邪，到对生活的憧憬期待，再进一步拓宽视野，开阔胸怀，展现了不同凡响的抱负、情怀和思考，体现出中华民族非凡的文化风骨。

▲ 设计 / 李强

▲ 设计 / 李强

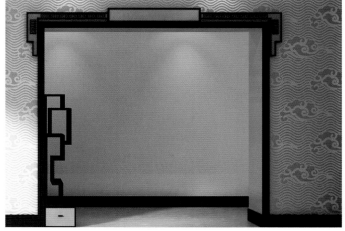

▲ 设计 / 李星儒

▲ 设计 / 李星儒

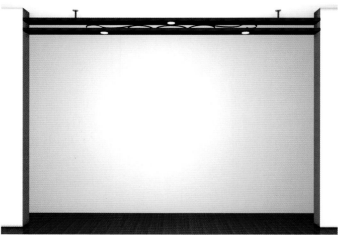

▲ 设计 / 冯晶

▲ 设计 / 丁舒

家装细部

■ 家庭装修

●判断装饰公司的实力

检查其资质证书和营业执照 正规的装饰公司一定要具有当地工商部门的正式注册的营业执照和国家有关部门颁发的建筑装饰企业资质证书。要仔细地看营业执照（按规定必须悬挂在墙上）的经营范围，是否有建设部门颁发的准营证。能具备这些证件的公司应该说是一家正规的公司。要注意，有的公司提供的是复印件，它有可能是挂靠在别的装饰公司下面的，或者是冒用他人证件甚至伪造证件。

成立时间 公司成立的时间长短、规模大小、实力强弱与成立的时间相关，成立时间长则经验丰富。

检验其人员素质 通过与装饰公司的人员交谈，了解他们的综合素质和经营理念。正规公司的接待人员都有极其丰富的知识，对一般的问题都会给予准确的解答。另外，还可以拿出自家住宅的平面图，请他们设计一下，好的设计师会

▲ 设计 / 马楠林

▲ 设计 / 马楠林

▲ 设计 / 盛倩

▲ 设计 / 盛倩

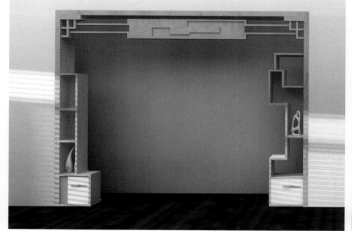
▲ 设计 / 田帅

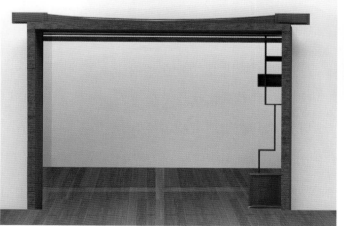
▲ 设计 / 王艺潭

哑
D

根据户主的要求设计几套方案以供选择。要特别注意设计人员的年龄与生活阅历。有些装饰公司的设计人员多为刚刚毕业的学生，虽然他们在设计风格、能力上可能并不差，但由于他们大多没有独立的家庭生活经验，往往对家居的功能考虑得不周，从而使设计华而不实。同时还要看图片、图纸、录像等了解其设计是否具有现代性、整体性、艺术性、实用性、职业性。

询问装修报价　一般来说，装修报价与其工程质量有着很大的关联。因此，材料报价应该到市场上去核实。如果材料报价正常，总报价明显偏低，则很可能工程质量不高。

查看施工现场　正规公司都曾做过一些成功的装修，会给你提供以前客户的图片，供你参考，显示其实力。那些满口承诺，却不断贬低其他同行的公司不可信，因为最后出现各种各样问题的公司往往就是那些号称没问题的公司。公司提供的样板房并不能说明问题，最好能到施工现场去看看。如果现场混乱，材料乱堆乱放，垃圾遍地，不能及时

家装细部

23

▲设计/盛倩

▲设计/盛倩

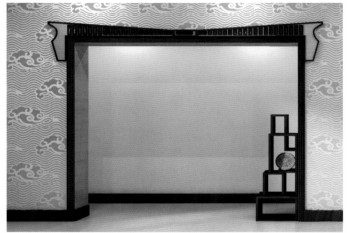

▲设计/李星儒

▲设计/李星儒

▲设计/杜波

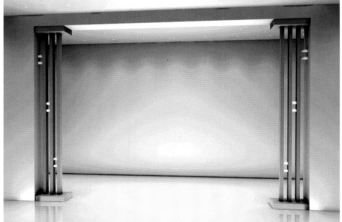

▲设计/孟红

清理，工人"一专多能"，瓦工、电工、木工一肩挑，那么就说明这家装饰公司的管理能力低下，施工队伍素质不高。

签订正规合同　选择了最放心的家装公司后，逐项签订正规合同，是免除家装后顾之忧的重要保证。

质量方面　是否有质量验收标准，是否有章可循。

价格方面　装修价格是否公开，有无装修收费标准，装修预算是否透明。

材料方面　装修主要材料是否公开，有无装修主要材料说明和工艺说明，有无材料展示柜，消费者能否直观接触，装饰材料是否环保。

进货渠道　主要装修材料的进货渠道，有材料仓库的厂家进货材料保真，无材料仓库现从市场进，容易出现伪劣产品。

▲设计／李星儒

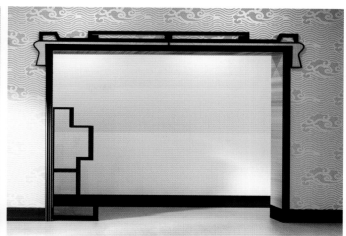

▲设计／李星儒

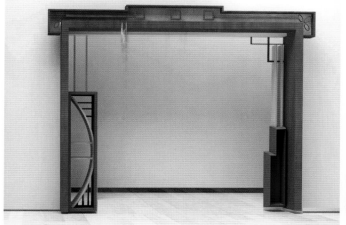

▲设计／孙海啸

▲设计／孙海啸

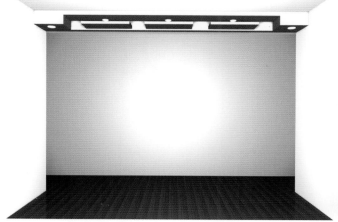

▲设计／冯晶

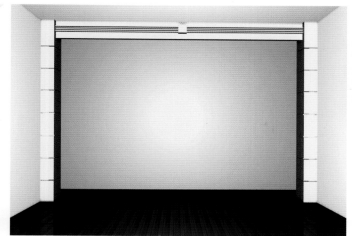

▲设计／冯晶

哑 D

装修流程　装修操作程序是否公开，使消费者一目了然，心中有数。

售后服务　监理制度是否有章可循，有无服务承诺制，是否有切合实际的保修时间，一般 1～2 年。

公司业绩　获得多少荣誉称号和证书。

信誉程度　通过市消费者协会和市建筑装饰协会了解该公司的投诉和信誉程度。

●与装饰公司洽谈前应做的准备

与装饰公司洽谈一定要有备而来，这样可以节省时间，而且要让装饰公司知道你对装修并非一窍不通。

画好自家住宅的平面图　旧房需要自己仔细测量各房间的尺寸，尽可能准确地画好平面图。有些新房虽然开发商提供平面图，但常常是很粗略，不准确，需要重新测量。有了平面图，你跟设计师的交流才能有的放矢。许多消费者忽视测量，以为简简单单量几下就得了。但有时这种粗略的平面图会使设计师误解，造成很大的麻烦。所以，一张清楚、准

▲ 设计 / 盛倩

▲ 设计 / 盛倩

▲ 设计 / 李星儒

▲ 设计 / 李星儒

▲ 设计 / 寇彬彬

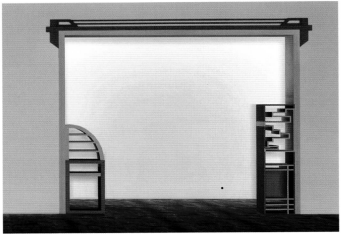

▲ 设计 / 田茹

确的平面图是洽谈前必须准备的。

　　明确自己的装修要求　在家庭装修中，每个家庭都有很多想法，但往往都是一些笼统的印象和支离破碎的局部构思。当你准备去与装饰公司洽谈时，一定要先明白自己要什么，怎样才能让设计师充分领悟你的意图。与设计师洽谈前，一家人应先商量一下，把各自的要求提出来。应将你一家人的生活习惯和要求列举出来，因为每家人的人数、性别、年龄、体格、教育、经济、经历、习惯等不同，所以这些要求也是各家不同的，这就是所谓"家庭因素"。比如，有一对夫妻都很喜欢看书，并经常在家里写东西，他们的家里就需要有两张书桌，且不能互相影响；而有的商人家中的客人特别多。这些情况就得先跟设计师讲清楚，他才能根据具体情况进行合理的设计，否则家里装修得再豪华、再美观，用起来也不方便。因此，确定一个大家都能接受的装修风格，免得以后改来改去，费力费时又费钱。

　　到材料市场走走　对材料要有个大概的了解，可以先到刚装修好的邻居、朋友那里参观参观，从而初步确定自己装

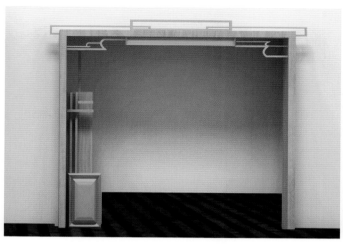

▲ 设计 / 田茹

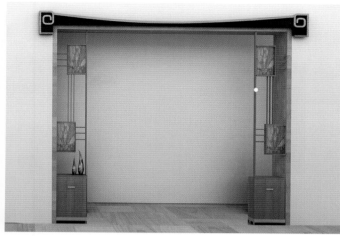

▲ 设计 / 孙铭璐

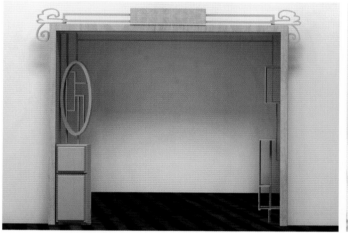

▲ 设计 / 孙海啸

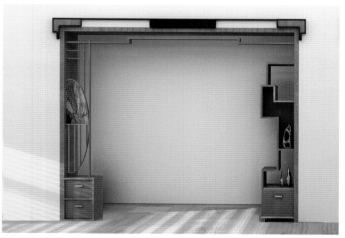

▲ 设计 / 孙铭璐

▲ 设计 / 李佳臻

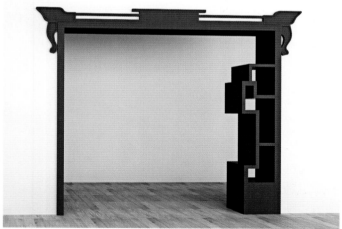

▲ 设计 / 冷享书

哑

D

修的用料。然后到材料市场上去看看，掌握一下所需材料的大致价格。这样与装饰公司洽谈时，不至于一问三不知。

事先确定装修价位，最好留有余地　如确定一个最低价位和最高价位。因为装修项目比较多，有时考虑不周到，常常会漏项。在与装饰公司洽谈时，常常会出现预算少了需要追加的情况，因此事先要有准备，不至于因为钱不够而措手不及。

●如何签订正规家装合同

装饰工程中，材料采购、报价以及施工等各时期包括很多环节，不少装修公司，钻消费者对装修流程不了解的空子，在合同的签订过程中故意缺项、漏项。其中最常见的就是涉及违约责任的条目：工程拖延工期，增项价格、手工费用等。根据前期已经掌握的情况与装修公司谈判，是取得签订合同主动的关键。这样可以避免发生装修公司故意隐瞒部分合同条款，致使装修者无法运用装修合同有效保护自己的权益的情况。特别提醒户主：合同中的内容应该逐项

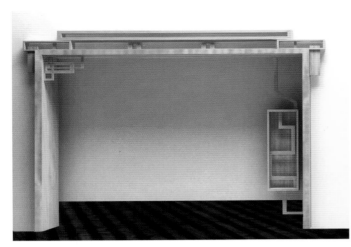

▲设计／孙海啸

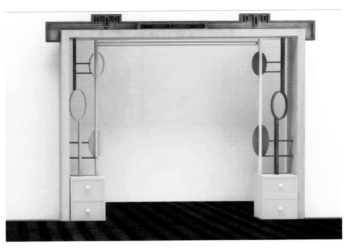

▲设计／孙海啸

▲设计／田庆阳

▲设计／田庆阳

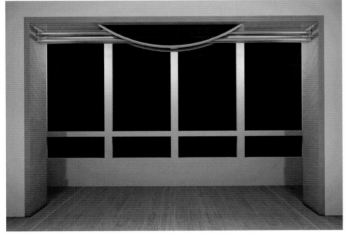

▲设计／李博

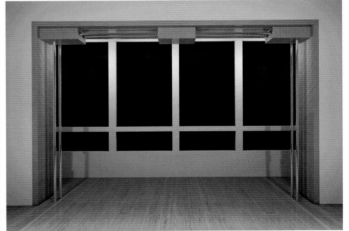

▲设计／李博

家装细部

28

填写，避免缺项、漏项。采购别做"甩手掌柜"。家庭装修涉及采购多种材料，如五金、板材、建材等。有的装修公司与建材商"唱双簧"，从而以高价向消费者推销低档建材，遇到图省事的装修者，报一个总价，由装修公司包工包料，用价格低廉、质量较差的材料取代好料。专家建议消费者应在采购时作必要的市场调查，并要求装饰公司提供该材料的证明资料，用来证明装饰材料的生产厂商、产品合格证明等出处。这样，消费者可根据证明资料检查装饰材料的实际情况。另外，消费者还可以根据证明，随时检查施工现场的材料的使用情况。签订合同前要注意：查看装饰公司是否有工商营业执照；查看装饰公司是否具有资质证书；让装饰公司先出设计草图；考察装饰公司用的是否是本市工商局颁发的装饰工程施工合同；除签订合同以外，还需要有第三方认证（注：第三方认证是指与消费者签订家装合同的家装公司所隶属的主管机构。消费者在签订合同的同时，一定要到家装公司所属的主管机构服务台检验合同，并加盖家庭装饰专用章，否则，一旦发生问题，消费者的售后服务权利将受到损害。）核实报价，看一看装饰公司执行的是否

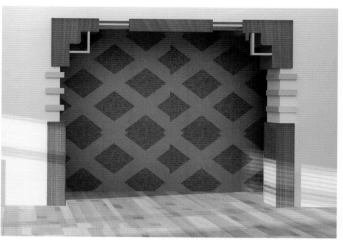

▲ 设计 / 田庆阳

▲ 设计 / 田庆阳

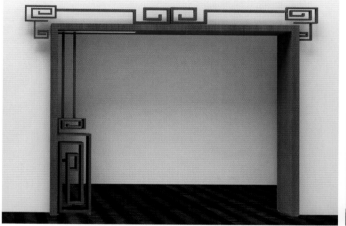

▲ 设计 / 孙海啸

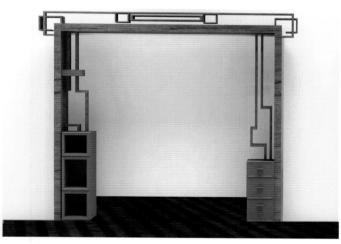

▲ 设计 / 孙海啸

▲ 设计 / 马添

▲ 设计 / 马添

是本市行业指导价，否则不要轻易签订合同；询问装饰公司施工期间他们自己是否有质检员到施工现场巡检，能否提供质检记录。

签订合理的家装合同　一般合同有甲方（发包方）和乙方（承包方）两方，通过中介机构的需要增加第三方，一般称为委托方。甲方就是家庭，一般以户主姓名作为甲方，又称为发包方。乙方是进行工程施工的单位，如XX建筑装饰公司，又称为承包方。无论是合同哪一方，都必须真实可靠，作为乙方和委托单位，还必须要有国家工商行政管理机构核发的营业执照。

工程概况是合同中最重要的部分，它包括工程名称、地点、承包范围、承包方式、工期、质量和合同造价。家庭装修工程可以有多种方式，如承包设计和施工、承揽施工和材料供应、承揽施工及部分材料的选购、甲方供料乙方只管施工、只承接部分工程的施工等，方式不同，各方的工作内容就不同。

哑
D

▲ 设计 / 孙铭璐

▲ 设计 / 田茹

▲ 设计 / 孙铭璐

▲ 设计 / 田茹

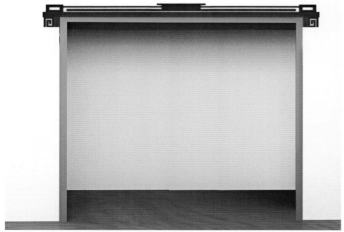

▲ 设计 / 冷享书

▲ 设计 / 李博

30

双方的职责：

▲甲方：户主作为房屋的主人和装修后的使用者，在工程中主要承担的工作包括：向施工单位提供住宅图纸或做法说明，腾空房屋并拆除影响施工的障碍物，提供施工所需的水、电、气及电信等设备；办理施工所涉及的各种申请、批件等手续；负责保护好各种设备、管线；做好现场保卫、消防、垃圾清理等工作，并承担相应费用；确定驻工地代表，负责合同履行、质量监督，办理验收、变更、登记手续和其他事宜，确定委托单位等。

▲乙方：乙方的工作就是要按甲方的要求进行工程的施工，具体包括拟定施工方案和进度计划，交甲方审定；严格按施工规范、安全操作规程、防火安全规定、环境保护规定、图纸或做法说明进行施工；做好质量检查记录，参加竣工验收，编制工程结算；遵守政府有关部门对施工现场管理的规定，做好保卫、垃圾清理、消防等工作，处理好与周围住户的关系；负责现场的成品保护，指派驻工地代表，负责合同履行，按要求保质、保量、按期完成施

▲ 设计 / 田庆阳

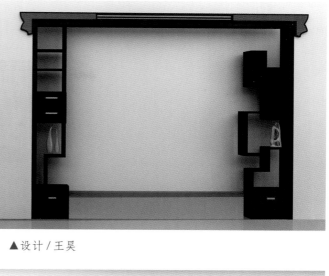

▲ 设计 / 王昊

▲ 设计 / 田庆阳

▲ 设计 / 王昊

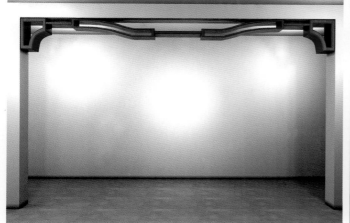

▲ 设计 / 马添

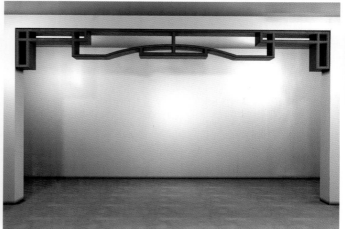

▲ 设计 / 马添

哑 D

家装细部

工任务。

　　▲在合同中材料的约定是：合同中应注明：由甲方负责提供的材料，应是符合设计要求的合格产品，并应按时运到现场，如发生质量问题由甲方承担责任。甲方提供的材料，经乙方验收后，由乙方负责保管，甲方支付保管费，如乙方保管不当造成损失，由乙方负责赔偿。由乙方提供的材料，不符合质量要求或规格有差异，应禁止使用；若已使用，对工程造成的损失由乙方负责。

　　合同中工程质量的验收　双方应及时办理隐蔽工程和中间工程的检查和验收手续，如隔断墙、封包管线等。甲方不按时参加验收，乙方可自行验收，甲方应予承认。若甲方要求复验，乙方应按要求复验。若复验合格，甲方应承担复验费用。由此造成的停工，可顺延工期。若复验不合格，费用由乙方承担，工期也应顺延。

　　由于甲方提供的材料、设备质量不合格而影响的工程质量由甲方承担返工费，工期相应顺延；由乙方原因造成的质

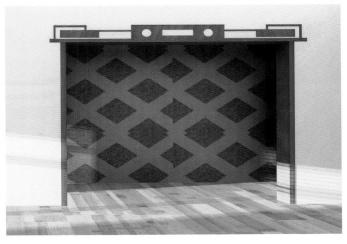

▲设计/田庆阳

▲设计/田茹

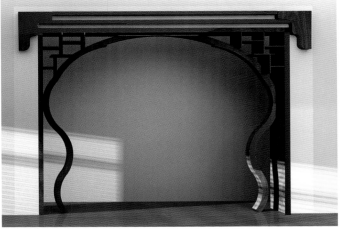

▲设计/王昊

▲设计/田茹

哑

D

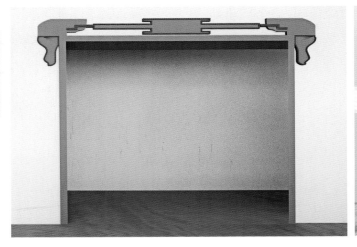

▲设计/冷享书

▲设计/姜恩文

家装细部

量问题返工费由乙方承担，工期不顺延。

　　工程竣工后，甲方在接到乙方通知三日内组织验收，办理移交手续。未能在规定时间组织验收，应及时通知乙方，并应承认接到乙方通知三日后的日期为竣工日期，承担乙方的看管费用和相关费用。

　　合同对延期的规定　因甲方未按约定完成工作，影响工期；因设计变更影响工期；因非乙方原因造成的停水、停电、停气及不可抗力因素影响，导致一周累计停工八小时，工期顺延。如乙方责任，不能按期开工或中途无故停工，影响工期，工期不顺延。

　　对违约的责任规定

　　▲甲方

由于甲方原因导致延期开工或中途停工，甲方应补偿乙方因停工、窝工造成的损失。

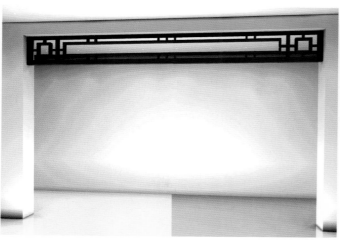

▲ 设计 / 孟红　　　　　　　　　　　　　　　　▲ 设计 / 孟红

▲ 设计 / 佟亮　　　　　　　　　　　　　　　　▲ 设计 / 佟亮

▲ 设计 / 佟亮　　　　　　　　　　　　　　　　▲ 设计 / 佟亮

甲方不按约定支付工程款，应支付乙方滞纳金。

甲方要求提前竣工，除支付赶工措施费外，还应给乙方一定的奖励。

甲方未办理手续，擅自同意拆改结构或设备管线，造成的损失、事故及罚款由甲方承担；甲方未办理验收手续，提前使用或擅自动用装修房屋，造成的损失由甲方负责。

▲乙方

由乙方原因逾期竣工，乙方支付甲方违约金。

乙方对工程现场堆放的家具、陈设、工程成品及甲方提供的材料保管不善造成的损失应照价赔偿。

未经甲方同意，乙方擅自拆改结构或设备管线，造成的损失、事故、罚款由乙方承担。

合同中工程价款及结算的约定　家庭装修一般采用固定价格，也可采取按照国家有关工程计价规定计算造价，并按

▲设计/马添

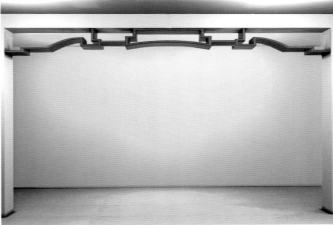

▲设计/马添

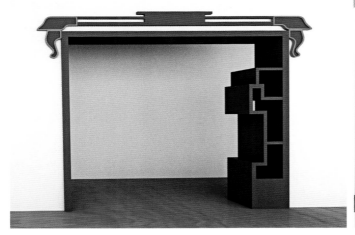

▲设计/冷享书

▲设计/盛倩

▲设计/佟亮

▲设计/佟亮

哑
D

34

家装细部

规定进行调整和竣工结算。第一种适用于有较完整设计的工程；第二种适用于边设计、边施工、边修改的工程。家庭装修一般采取分批付工程款、尾款竣工结算时一次付清的方式，批次可由双方约定，但付款金额不应低于已完工的工程量。工程竣工验收后，乙方提出工程结算交甲方，甲方接到结算报告三天内应审查完毕，到期未提出异议，视为同意，并应于几日内结清尾款。

　　合同中对安全操作的规定　甲方提供或确认的施工图纸或做法说明，应符合国家消防条例和防火设计规范。如违反有关规定，发生安全或火灾事故，甲方应承担由此产生的一切经济损失。

　　乙方在施工期间，应严格遵守安全技术规程、安全操作规程、消防条例和其他相关的法规、规范，如违章操作，造成安全事故或火灾，乙方应承担由此引发的一切经济损失。

　　合同中纠纷处理方式的规定　合同中应对纠纷处理方式做出明确规定。家庭装修中出现的争议：有双方委托单位的，

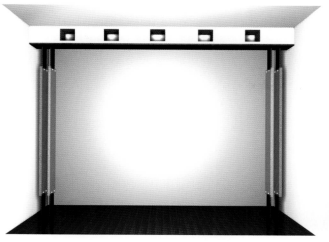

▲ 设计 / 冯晶

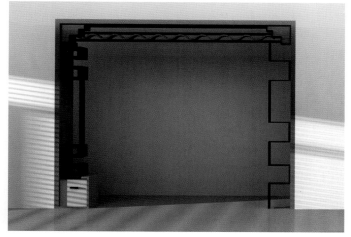

▲ 设计 / 王昊

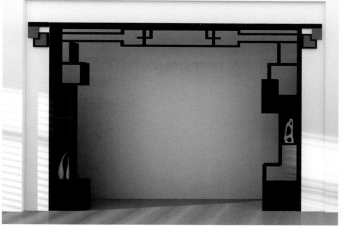

▲ 设计 / 王昊

▲ 设计 / 王昊

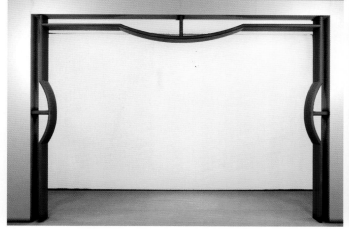

▲ 设计 / 马添

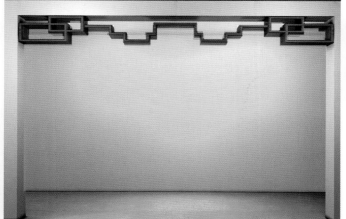

▲ 设计 / 马添

可请委托单位协调解决；无委托单位的，可采取协商解决或请房管、物业等相关部门进行调解；如不愿通过协商、调解解决，或协商、调解不成时，有以下方式可以采用：

　　向消费者协会反映，请求消协帮助处理。

　　如果是在家庭装修市场签订的合同，应要求市场处理。

　　向工商行政管理部门反映情况，请求工商部门协调处理。

　　如果合同中约定仲裁，应向约定的仲裁机关提请仲裁（约定的仲裁机关必须写明全称）。

　　向有管辖权的法院提起诉讼（已约定仲裁且仲裁条款合法有效的除外）。

　　●签合同应避免的陷阱

　　在签订标准的家装合同时，由于条款既多且杂，其中不仅有很多有关装修的专业内容，而且还包含了不少法律方面

▲ 设计 / 王佳娓

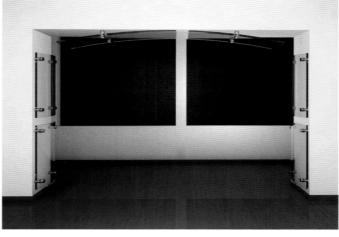

▲ 设计 / 王佳娓

▲ 设计 / 王艺潭

▲ 设计 / 王艺潭

▲ 设计 / 马添

▲ 设计 / 冷享书

家装细部

36

的内容，稍不注意，就会掉入陷阱，所以要特别注意以下容易出现纠纷的问题：

合同主体不明晰　合同中应首先填写甲方、乙方的名称和联系方法。这里应注意一个细节，很多公司只盖一个有公司名称的章，业主必须要求装饰公司将内容填满，并进行核对。还应注意签订合同的装饰公司名称，是否与合同最后盖章的公司名称一致。如果不符，必须问明二者之间的关系，并在合同上注明。如此做的理由是一旦发生纠纷，一定要有装饰公司比较完整的法人登记情况，以备将来投诉或起诉，省去查询的麻烦，而且能够找到确切的责任承担者。

装修工程书面文件不全　经双方认可的工程预算书，以及全套设计、施工图纸，均为合同的有效构成要件。有些装饰公司在与装修户签订装修合同时，这些书面文件不齐全，会给以后进行装修带来隐患。装修户应把以上三项文件及支付费用的单据妥善保存。

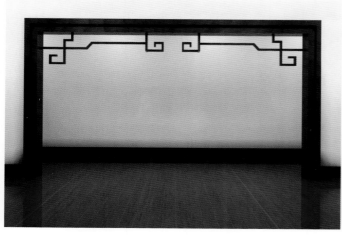

▲ 设计 / 苗威

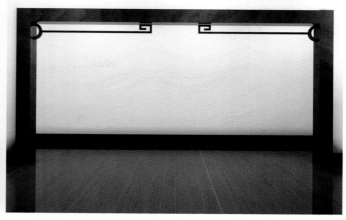

▲ 设计 / 苗威

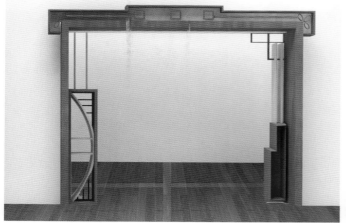

▲ 设计 / 王艺潭

▲ 设计 / 王艺潭

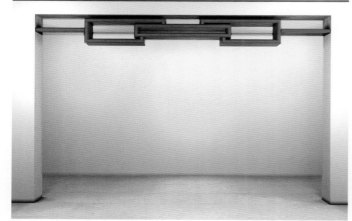

▲ 设计 / 马添

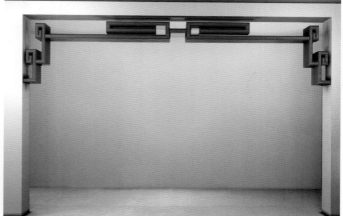

▲ 设计 / 马添

双方权利义务不清不全　合同中规定了为保证工程顺利进行，甲乙双方应做的工作。对于消费者来讲，尤其应注意合同中规定的下列几项：为确保建筑物安全，不能拆动室内承重结构。如果拆改原建筑物的非承重结构或设备管线的，应负责到房屋管理部门办理相应的审批手续。如果在施工期间，该居室仍被装修户部分使用的，装修户应负责做好施工现场的保卫及消防等项工作。在不妨碍施工队正常作业的情况下，户主可以随时对工程的进度、质量进行检查。

增减项未加入合同　很多装修户在装修前，对于装修费已做出了一个预算，并按此费用去选择装饰公司。目前在装修工程的实际履行中，增加施工项目的现象很多。一些装饰公司开始有意把报价做得很低，然后在开工后逐步增加，让装修户无法再找另外的装饰公司，只好同意他们的要求，使得最后的装修总价远远超出初始报价。所以装修户在合同签订时，最好经过多方了解，弄清自己所支出的费用与居室面积及施工项目所需的费用是否相当。对于工

▲ 设计 / 冯晶

▲ 设计 / 王艺潭

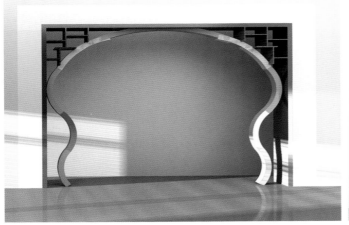

▲ 设计 / 王昊

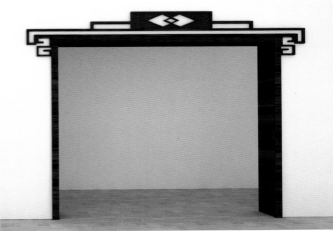

▲ 设计 / 王艺潭

哑
D

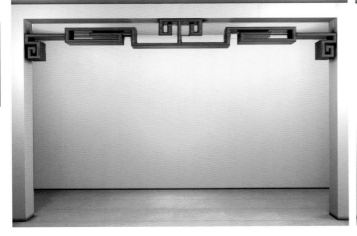

▲ 设计 / 马添

▲ 设计 / 马添

38

程项目变更应谨慎。有些装修户在变更工程项目时，不考虑造价问题，不补签合同，而装饰公司工程做完后，趁机漫天要价。因此，如果在施工的过程中，因为施工项目的增减或其他因素，需对原合同进行变更的，装修户与装饰公司必须协商一致，并签订书面的变更协议，与此相关的工期、工程预算及图纸都要做出变更，并经双方签字确认。

　　材料进门不验收　鉴于装修材料品牌及价格等因素，目前大部分装饰公司都建议装修户选择"乙方包工、部分包料，甲方提供部分材料"。那么在材料供应上，双方都应负一定的责任。消费者有义务按约定提供材料，并请装饰公司对自己提供的材料及时检验，并办理交接手续。装饰公司无权擅自更换装修户提供的材料，如果发现问题应及时协调，采取更换、替代等补救措施，避免以后因工程质量出现争议时，装饰公司以装修户提供的材料不合格为借口，拒绝修理或赔偿。而对装饰公司提供的材料，装修户应进行检验，一旦装饰公司有隐瞒材料，或者使用不符合约定标准的材料施工的情况，

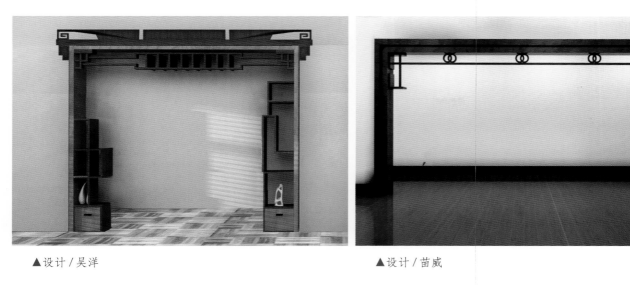

▲ 设计 / 吴洋　　　　　　　　　　　　　　　▲ 设计 / 苗威

▲ 设计 / 王艺潭　　　　　　　　　　　　　　▲ 设计 / 王艺潭

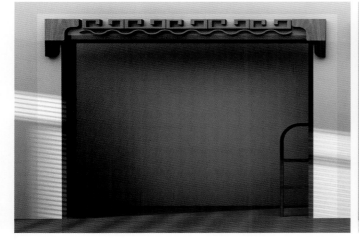

▲ 设计 / 王昊　　　　　　　　　　　　　　　▲ 设计 / 王艺潭

装修户有权要求重做、修理、更换、减少价款或赔偿损失等。

　　质量标准不清楚　目前各省市都制定了一些关于家庭居室装饰装修工程承包发包及施工管理的规定，要求以《家庭居室装饰工程质量验收标准》以及当地制定的一些标准为工程质量验收标准，并在家居装饰合同中约定。如果合同中不做规定，一旦出了问题就很难处理。

　　● 装修内容变更规定

　　由于大多数人对装修并不是很了解，在与设计师洽谈装修项目的时候，脑子里的空间感并不像专业人员那样清晰，所以有可能某个项目制作完成时，才发现和自己想象的有很大差别；有些人在装修过程中，从自己左邻右舍的装修中得到了某些启发，所以需要更改某些项目；还有一些家庭在装修过程中，资金数量发生了变化，这些情况都很常见。所以，在施工过程中常常会出现这样那样的变更。但需要提醒的是，一旦装修内容变更了，一定要及时填写工程变更单。因为

▲设计／吴智

▲设计／吴智

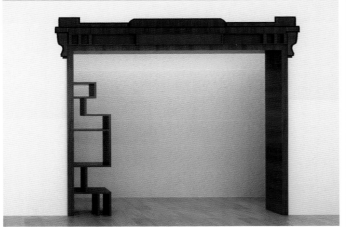

▲设计／吴智

▲设计／吴智

▲设计／王奕文

▲设计／王奕文

项目变更会带来材料浪费、资金增减、工期改变等一系列问题，很容易发生纠纷。

无论哪一方想就工程项目进行变更，户主都应向施工现场的负责人员询问清楚：变更以后的成本会发生什么样变化。因为大多数项目变更以后的费用都会上升，应考虑是不是能够承受。了解清楚了再找装饰公司的现场负责人询问，项目变更的手续应该怎样来办理。一般应该是由设计师做出相关的施工图纸，做出变更费用的清单并得到户主的认可，变更的项目才可以开始进行。千万不要在施工现场和一个正在干活儿的工人说一声，就算是做了工程项目变更。这样做容易出现下面的问题：第一是工人根本不给你干；第二就是装饰公司的管理人员发现以后会与你理论；第三，发生的费用说不清楚。

需要注意的是，如果需要变更的装修项目已经进入施工阶段，前期已经发生的费用，从理论上来说应该由提出变更的一方来承担。项目变更还往往会延长施工工期。所以，变更之前要三思而行，不能随意而为。

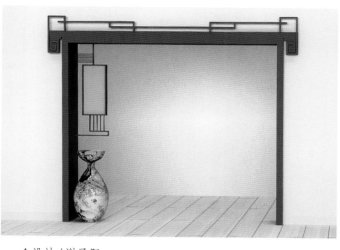

▲ 设计 / 谢子阳　　　　　　　　　　▲ 设计 / 谢子阳

▲ 设计 / 夏姗姗　　　　　　　　　　▲ 设计 / 夏姗姗

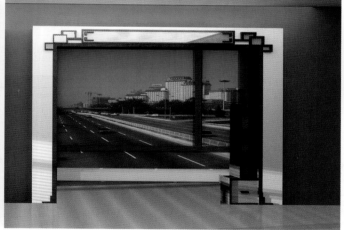

▲ 设计 / 王奕文　　　　　　　　　　▲ 设计 / 王奕文

　　工程变更的范围　一旦签订了家庭装修合同后，附在合同里的所有资料，无论图纸还是文字，都成为合同的一部分。这些资料包括图纸类：平面图、立面图、水电线路图、天花吊顶图、效果图等等。还有文字类：工程预算、施工工艺说明、主材料说明、甲乙方材料采购清单、施工计划等。在以后的过程中，户主和装修公司无论哪方超出上述范围的一切要求，都属于工程变更的范围，应该办理工程变更手续。想改的项目要合理合法地改过来，竣工验收以后的结算，也可做到心知肚明。家庭装修大多比较小，但必要的手续不可省略，否则一旦出现纠纷，连说话的依据都没有。

　　●**怎样控制装修费**

　　要想控制装修费，以不至于在装修过程中一超再超，就必须事先做精确的预算，避免漏项，并尽可能地不更改方案，一次成功，以免造成工费、材料费的浪费。预算时如果装修费超出，可以采用以下几种方法来进行控制：

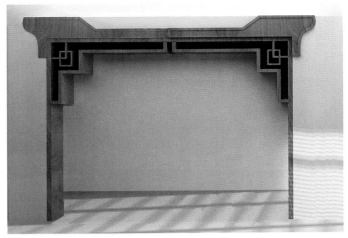

▲设计/夏姗姗

▲设计/邢加宁

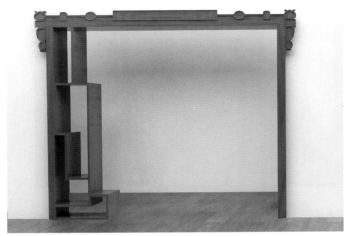

▲设计/徐莹

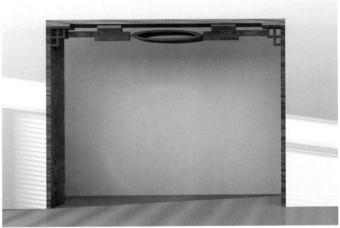

▲设计/邢加宁

▲设计/邢加宁

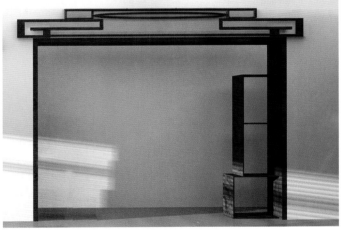

▲设计/邢加宁

哑
D

家装细部

42

　　减少项目　把一些非重点的可有可无的装修项目去掉，以保证有限的资金用在"刀刃"上，集中力量做那些必不可少的重点项目。

　　分步装修　可根据轻重缓急，先做那些急需的，其余的等以后资金充足了再补上。如资金不足，卧室的木地板可以先不铺，用地毯暂时代替，效果也不错，日后换起来也很容易。

　　降低档次　可以把部分基础材料的档次稍微降一下，这样上面覆盖上好的饰面材料，效果并不受影响，基本上看不出来。当然，基材的档次虽然不必太高，但必须符合质量要求，如果一味贪图便宜，不顾质量，那就会自欺欺人，日后难免出现质量问题。

　　●选择家具

　　选择套装家具　套装家具是传统的家具形式，每种家具一般只有一个用途。选择套装家具时，无论造型、颜色、用

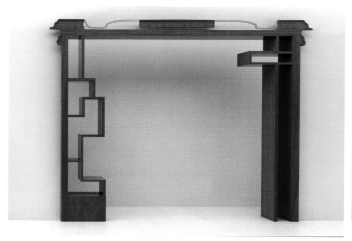

▲ 设计 / 徐莹

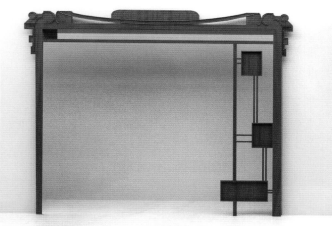

▲ 设计 / 徐莹

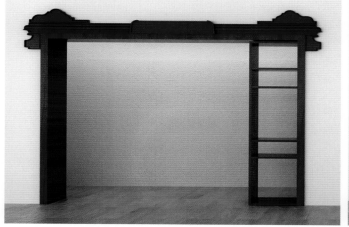

▲ 设计 / 吴智

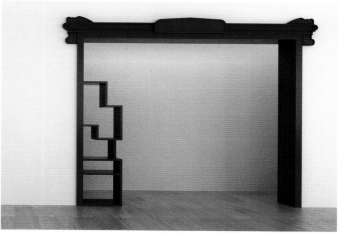

▲ 设计 / 吴智

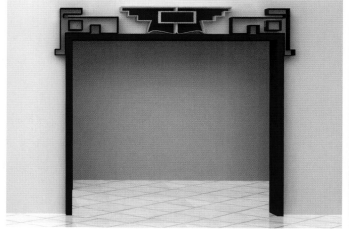

▲ 设计 / 杨楠

▲ 设计 / 杨楠

料做工、尺寸比例及功能，都要求配套一致。

▲在造型上，要求每件家具的主要特征和工艺处理一致。比如，一套家具腿的造型必须一致，不能有的虎爪腿，有的方柱腿，而有的又是圆形腿，否则会显得十分不协调。同时，家具的细部也要求一致，如抽屉和橱门的拉手，桌子的边角等等，最好都呈相对一致的造型。

▲在漆色上，一般常见有赭色、木本色等。一套家具的漆色必须一致，油漆面要求色泽丰润，清新悦目，无发泡、起皱、疵点和着色深浅不一等现象。

▲在用料做工上，要强调一致性，从框架、面板、侧板等各个部位检查一下，相似的部位，不能有的用胶合板，有的用纤维板；或有的粘贴装饰板，有的又没有。另外，迎面纹理最好一致，胶合板不脱胶、不散胶，拼缝处严密，没有高低不平现象；卯榫精密，结构牢固，不晃动、不变形、不开裂，柜门开启自如，关得严，不外翘，抽屉抽拉灵活，到

43

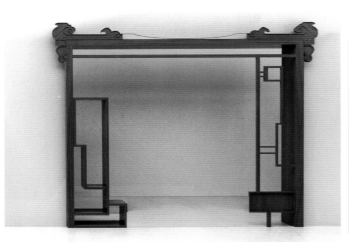

▲设计/徐莹

▲设计/徐莹

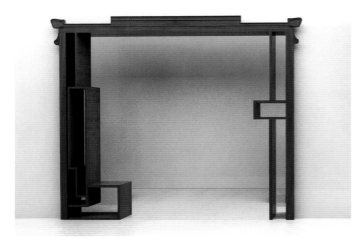

▲设计/徐莹

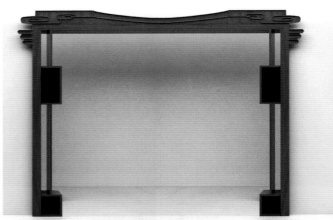

▲设计/徐莹

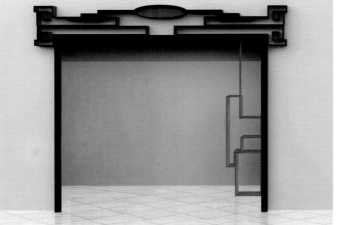

▲设计/杨楠

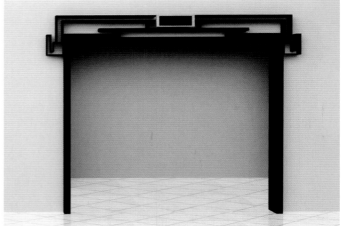

▲设计/杨楠

哑
D

家装细部

44

位正常。

　　▲在尺寸比例上，要有一种整体感，各个单件家具依照习惯有一定的比例关系，看上去舒服顺眼，使人不致产生不协调的感觉。

　　▲在功能上，因每套家具的件数不等，其功能便有多少之分，但每套家具均需具有睡、坐、摆、写、贮等基本功能。若功能不全，就会降低家具的实用性。至于挑选什么功能的家具，应根据自己的居室面积及室内门、窗的位置来统筹规划。

　　选择组合家具　组合家具除具有一般家具所共有的便于装物品、美观、大方的功能和特点外，最主要的特征，就是它作为"组合"而产生的整体优越性。

　　▲整体美观大方　单独摆放一两件可能不显眼，但一经组装在一起，就有一种"1＋1＞2"的效应，无论从颜色，还

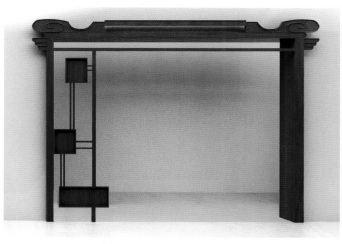

▲ 设计 / 徐莹

▲ 设计 / 吴智

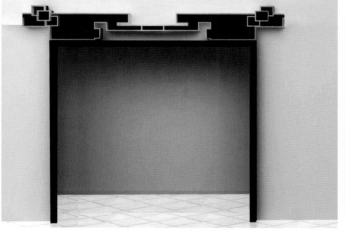

▲ 设计 / 杨楠

▲ 设计 / 杨楠

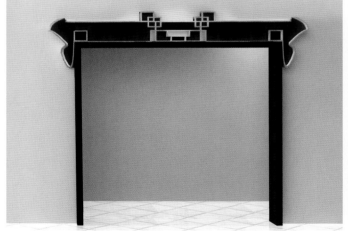

▲ 设计 / 杨楠

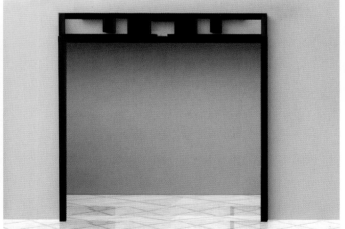

▲ 设计 / 杨楠

哑
D

是从造型，都给人一种美的享受，且它整齐、省地，充分利用空间——既不像零散家具摆放一室那样零乱，又不那么占地方，通过合理组合而产生的规模效应，使室内空间被充分利用。

　　▲样式多变　由于组合家具采用模块化设计，因而有一种"魔方效应"，使用者可以根据不同时节和需要，变换家具的组合结构，使人有耳目一新之感。

　　▲协调室内气氛　通过整体的颜色和造型，包括家具高矮、宽窄、薄厚的选择与布置，可以使居室气氛更令人心情舒畅，更显示主人的个性。如阴面居室采用暖色，阳面居室采用冷色或中性色，通过家具整体所产生的颜色规模，影响室内气氛，给人冬暖夏凉之感。同样，狭小居室使用冷色调的组合家具，可使人有居室不再那么小了的感觉。利用组合性，调整家具的高矮、宽窄，亦可改变不同高矮的人们对不同高度的房间的感觉。

　　组合家具的样式，是因人而异、因人而造、多种多样的。此外，其材质有全木质的，有钢木结合的，有胶合板的。

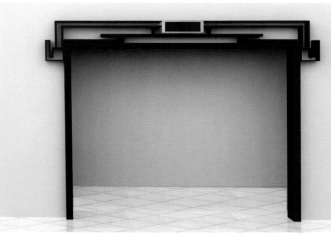

▲设计／杨楠

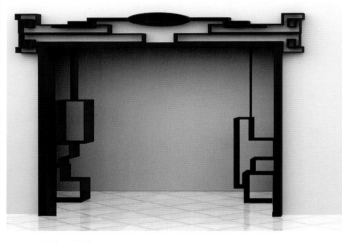

▲设计／杨楠

▲设计／杨楠

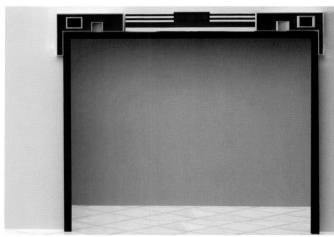

▲设计／杨楠

哑
D

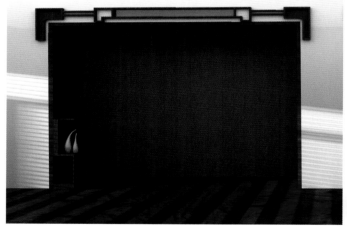

▲设计／于智玲

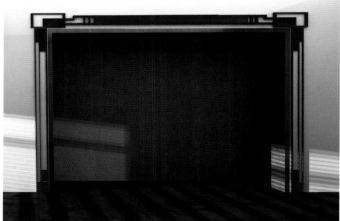

▲设计／于智玲

46

家装细部

而外观又可分为调和漆的，亚光漆的，清漆的。组合家具的质量标准包括多个方面：

　　▲外观颜色是否一致，有无漏色和着色不均匀；

　　▲油漆有无气泡、麻点儿、不匀、过厚或过薄（不饱满）现象，光泽效果好不好；

　　▲材质的花纹对称性好不好；

　　▲用料是否优化，材质是否好，材料是否一致，有无木料糟朽，三合板或胶合板有没有开胶、开裂，有无劣痕和杂乱拼用现象；

　　▲工艺是否先进，如木材是否经过热处理，其中水分蒸发程度、日后变形程度如何等；

　　▲制作是否精良，有无开胶、裂缝现象，光洁度好不好，尤其是各个结合部（胶粘或钉装）是否牢固，以及大门是否平整，间隙缝隙是不是美观、吻合等；

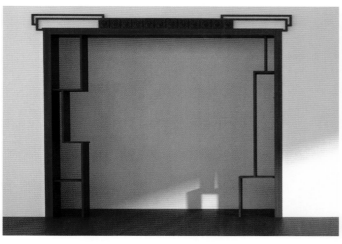

▲设计/张彦菲

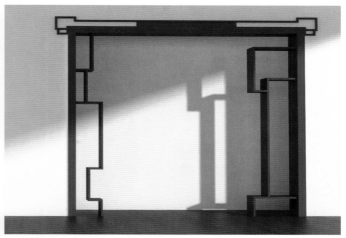

▲设计/张彦菲

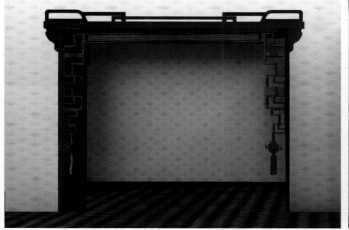

▲设计/于智玲

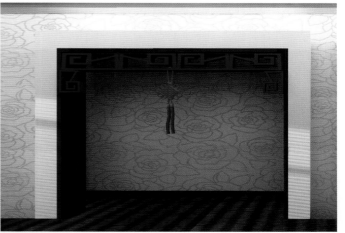

▲设计/于智玲

▲设计/于智玲

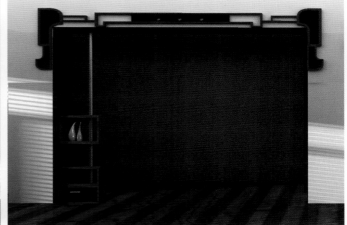

▲设计/于智玲

▲是否便于使用，包括拉门抽屉等是否灵活、轻便、耐用；

▲金属件是否生锈，电镀件是否脱皮，有无划伤；

▲镜子、玻璃有无气泡，光泽是否一致，人像是否清晰、规则；

▲腻子填补有无漏痕、裂痕，颜色与家具整体是否一致；

▲造型是否美观、适用。

选择竹制家具　竹制家具器物几乎遍布我国江南各地，如竹椅、竹床、竹席等品种很多。选用竹器应依据下列原则：

▲无嫩竹　各种竹制家具均不得有嫩竹掺混其间，因嫩竹性脆易断，极不耐用。识别的方法是：从颜色上辨别，青篾颜色呈青绿或绿白色；黄篾则呈乳白色，无光泽。

▲无屎黄篾和水槽篾。夹有此类篾条的竹器易被虫蛀。屎黄篾纹路粗糙，篾节凸凹不光；水槽篾手摸有不平感，呈

▲ 设计 / 赵婧

▲ 设计 / 赵婧

▲ 设计 / 赵楠

▲ 设计 / 赵楠

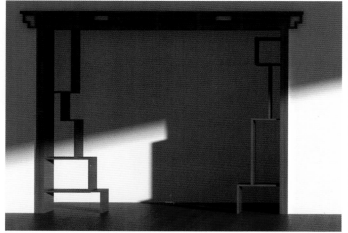

▲ 设计 / 张彦菲

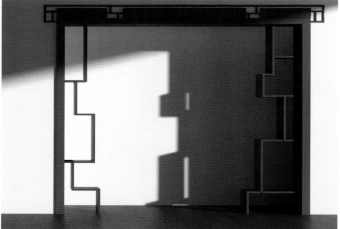

▲ 设计 / 张彦菲

哑
D

48

凹形，且留有竹膜。

▲板面平　竹制家具表面不得有接头，蔑节处均应打磨光洁，手摸有顺滑、平整感。

▲体型正　制作精细的竹器应周正圆顺，无挺肚、弯背、荷叶边现象。

▲竹篾干　干竹制品不易发霉；湿竹、竹青制品颜色与绿竹相仿，而干后则断青变色；竹黄制品色黄、燥爽为干。滴上墨水检验，不浸者为干，浸者不干。

▲紧密不松懈　竹床、竹凳，以双手按住两侧，用力按压揉动，均无前后上下摇晃摆动者为好。

▲竹制家具应选用制成不久的　竹制家具不要长久贮藏，以减少霉变和虫蛀的机会。新竹家具用棉丝蘸少许机油揉擦两遍，可防虫蛀；小竹器还可用 6% 氯化钠溶液浸泡 5 小时，或用卷烟厂的废烟土泡水浸润。漂白粉水浸 1 天，再洗净晒干也可防蛀。

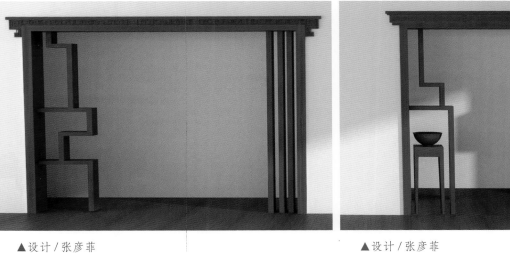

▲ 设计 / 张彦菲

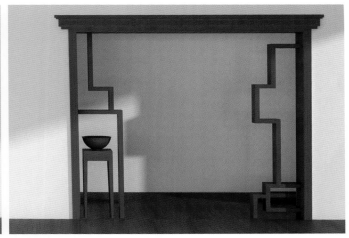

▲ 设计 / 张彦菲

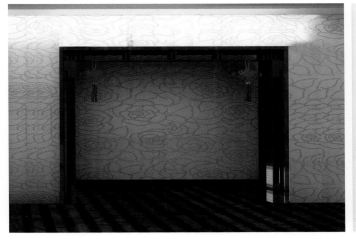

▲ 设计 / 于智玲

▲ 设计 / 郑璐

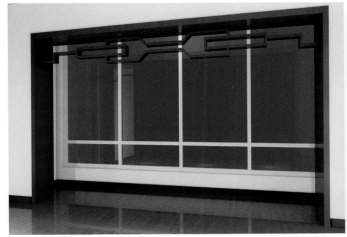

▲ 设计 / 丁舒

▲ 设计 / 赵睿

49

▲竹椅、凳要面朝上放平使用，不可倒置压坐，不可跷仰摇晃，不可重压椅圈，竹床上不可蹦跳。

▲竹器一旦生霉、被蛀，应及时晾晒、蒸煮、擦油；如圆竹破裂，可用细金属丝缠紧，凳脚、床脚处开裂，可先塞入圆木，再缠紧；篾编处有散断现象时，可用竹篾或结实布补缀。

选择钢木家具　常用的钢木家具有桌、椅、凳、沙发、床等，其结构轻便，外观简洁，且很多都可以折叠，节省空间，因而受到了人们的喜爱。

▲挑选钢木家具应从其结构、功能及大小尺寸上考虑。钢木家具规格有大号、小号之分（如大号方圆桌可供6人就餐，小号方圆桌可供4人用餐）。功能有单一功能和多功能（如既可当床又可作沙发的两用沙发）之别，结构种类多（如折叠、拆装、固定、套落等），各具特色，选择余地较大，可按居室面积的大小，家庭人口多少及生活和工作上的不同需要来选择。

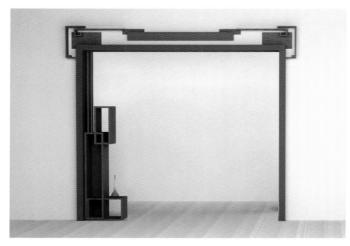

▲设计／赵楠

▲设计／赵楠

▲设计／李星儒

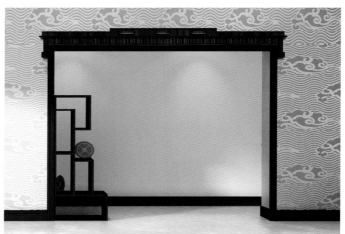

▲设计／李星儒

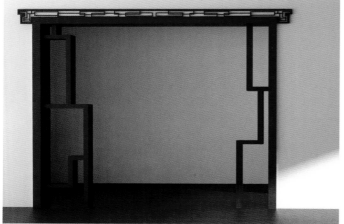

▲设计／张彦菲

▲设计／张彦菲

哑
D

家装细部

　　▲要考虑钢木家具与其他类型家具在风格、式样上的配套问题。一般配套的家具应具有协调、统一的式样和颜色及匹配相当的档次。风格比较简洁流畅的钢木家具基本上应属于流行家具之列，它与具有现代感的板式家具、组合家具等配合都显得比较协调，而若与古典式家具放到一起，就会显得不伦不类。家具颜色有冷调、暖调和深浅之分，可按自己的爱好挑选，但与其他家具必须有统一的基调，切忌杂乱无章。钢木家具的档次没有什么正式规定，一般只是将经过刨切薄木贴面处理，有镀铬或仿镀金骨架，使用毛绒面料等产品视为高档，而在材料和工艺未达到上述要求的产品则视为中低档。

　　▲必须对产品的工艺质量加以考察。对面板的挑选要注意边缘是否有分层，表面有无鼓泡，涂层是否平整均匀。对骨架的挑选要注意钢管弯曲部位是否有皱纹，铆接是否牢固，铆钉头是否圆滑，周围有无锤痕，焊接是否牢固，有无漏焊、开焊、气孔和焊瘤，镀层是否光滑、均匀。钢木结合部位要注意接缝是否严密，螺钉有否螺扣。面料缝合注意有否

▲ 设计 / 赵婧

▲ 设计 / 朱凌云

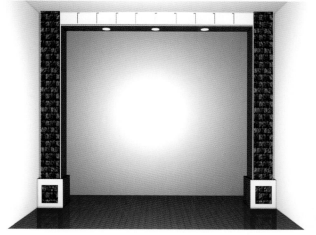
▲ 设计 / 冯晶

▲ 设计 / 李博

▲ 设计 / 盛倩

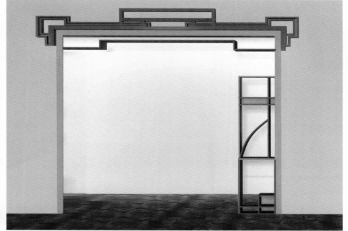
▲ 设计 / 田茹

51

跳针和开线。整个产品还应注意着地是否稳定。

　　选择金属家具　金属家具具有轻巧美观、经久耐用、便于装拆、占地面积小等优点，为大众所青睐。选购金属家具时，一般应注意以下几点：

　　▲金属家具镀铬要清新光亮，烤漆要色泽丰润，无锈斑、掉漆、碰伤、划伤等现象。

　　▲金属家具的脚落地应放置平稳，折叠平直，使用方便、灵活。

　　▲金属家具焊接处应圆滑一致，电镀层要无裂纹、无麻点，焊接点要无疤痕、无气孔、无砂眼、无开焊及漏焊等现象。

　　▲金属家具的弯曲椭圆处应无明显褶皱，无突出硬棱。

　　▲金属家具的螺丝、钉子要牢固，铆钉处应光滑平整，无毛刺，无松动，铆接处周围不应有锤伤。

▲ 设计 / 周贺贺

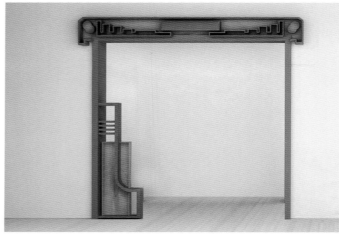

▲ 设计 / 赵楠

▲ 设计 / 赵楠

▲ 设计 / 赵楠

▲ 设计 / 周贺贺

▲ 设计 / 周贺贺

家装细部

　　▲金属家具的桌椅面应清洁光整，无凸凹不平、脱胶起泡现象，折叠椅凳的人造革面料应无破损，否则难以缝补，影响美观。

　　选择沙发家具

　　▲骨架要结实，以保证产品质量和使用寿命。看沙发骨架是否结实，可以用两手将整件沙发前后左右用力反复摇一摇、晃一晃，如果感觉较好，说明框架牢固。抬起三人沙发的一头，当抬起部分离地 10cm 时，另一头的腿也离地，才算合格。

　　▲检验回弹力。身体呈自由落体式坐在沙发上，身体至少被沙发坐垫弹起 2 次以上，才能确保此套沙发弹性良好，并且使用寿命会较长。一般人体坐下后沙发坐垫以凹陷 10cm 左右为最好。

　　▲沙发各个部分的尺寸应该适应人体生理结构的曲线，符合人体工程学原理，这样无论是坐卧都会比较舒适。沙发

001 002 003 004 005 006 007 008 009
010 011 012 013 014 015 016 017 018
019 020 021 022 023 024 025 026 027
028 029 030 031 032 033 034 035 036
037 038 039 040 041 042 043 044 045
046 047 048 049 050 051 052 053 054
055 056 057 058 059 060 061 062 063
064 065 066 067 068 069 070 071 072
073 074 075 076 077 078 079 080 081
082 083 084 085 086 087 088 089 090
091 092 093 094 095 096 097 098 099

座面的高度最好在 35~42cm 之间，也就是大约等于人小腿的高度。过高或者过低的尺寸都不利于人体肌肉的放松，长时间使用容易造成身体酸痛。座位深度在 48~55cm 之间比较适宜，也就是说，当后背尽量贴靠在沙发背上时，人的膝盖仍应该在座面之外。从地面算起，沙发靠背的高度应该保持在 68~72cm 之间，在这个范围之内，人体的舒适性是最强的。另外，靠背的倾斜度最好在 100°~108° 之间，而扶手的高度在 62~65cm 之间比较适宜。

▲沙发弹簧垫不要太软，其质量与舒适性至关重要。并非越柔软的弹簧垫就是越好的，触感软硬适中的坐垫能够均匀分散人体的重量，加强对脊椎的支撑能力，起到缓解身体疲劳的作用。此外，良好的透气性也不可忽视，这一特性可以令弹簧垫保持较好的卫生状况。

▲挑选皮革沙发。由于皮革吸收力强，应注意防污、防汗，尤其是夏季由于人体出汗多，照射进房间的日光比较强，更应注意真皮沙发的保养。如果长时间使用，保养不当，会褪色、陈旧，失去光泽，使皮革缺乏延展性而使沙发

100　101　102　103　104　105　106　107　108
109　110　111　112　113　114　115　116　117
118　119　120　121　122　123　124　125　126
127　128　129　130　131　132　133　134　135
136　137　138　139　140　141　142　143　144
145　146　147　148　149　150　151　152　153
154　155　156　157　158　159　160　161　162
163　164　165　166　167　168　169　170　171
172　173　174　175　176　177　178　179　180
181　182　183　184　185　186　187　188　189
190　191　192　193　194　195　196　197　198

哑
D

家装细部

变形。对于皮革沙发，要勤用潮干的抹布擦拭，清洁时选用专用的清洁产品和护理产品，以免发生皲裂。另外，不要放在阳光直射到的地方，可放在空调房里保持干燥，以免夏季多雨、地面潮湿使沙发底部发霉。皮沙发皮面要丰润光泽，无疤痕，肌理纹路细腻，用手指尖捏住一处往上拽一拽，手感应柔韧有力，坐后皱纹经修整能消失或不明显，这样的皮才是上等好皮。

▲选购布艺沙发时应注意，沙发的座、背套宜为活套结构，高档布艺沙发一般有棉布内衬，其他易污部位应可以换洗。沙发面料应当比较厚实，其克重在 300g/m² 以上的较为经久耐用，而且必须确保摩擦 12000 次以上表面不起球。沙发面料可分为国产的和进口的，欧美专业厂家生产的沙发专用面料品质优良，色差极小，色牢度高，织品无纬斜，特别是一些高档面料为提高防污能力，表面还进行了特种处理。进口高档面料还具有抗静电、阻燃等功能。

▲布艺沙发面料要经纬线细密平滑，无跳丝，无外露接头，有绷劲的手感。缝纫要看针脚是否均匀平直，两手用力扒

接缝处看是否严密，牙子边是否滚圆丰满。包布面料是否紧紧贴覆内部填充物，是否平整挺括，特别是两个扶手和座、背结合处要过渡得自然、无碎褶。如是圆形和半圆形扶手，要看圆弧处是否圆滑流畅、丰满美观。花卉图案或方格图案的面料拼接处花形是否搭配一致，方格是否横平竖直，没有倾斜或扭曲。最后坐下来试一试，感觉一下座、背的倾角或背座上面弧度是否同腰、背、臀及腿弯四个部位贴切吻合；枕部同背的高度是否合适，扶手高低是否同两只胳膊自然伸开放平时相合；坐感是否舒适，起立时是否自如。站起来后再看下臀部、背靠部和扶手处的面料是否有明显松弛且恢复不了的褶子。

　▲查看内部质量。揭开座下底布一角查看，如无糟杇、无虫蛀、无疤痕、不带树皮或木毛的光洁硬杂木制作的，并且料与料的衔接处不是用钉子钉的，而是以榫眼或刻口相互咬合，且用胶粘牢的就没有问题。还看内部垫层质量，一般高档沙发座和背的底面多采用尼龙带和蛇簧交叉网编结构，上面分层铺垫高弹泡沫、喷胶棉和轻体泡沫。这种垫层回弹

哑
D

56

298 299 300 301 302 303 304 305 306
307 308 309 310 311 312 313 314 315
316 317 318 319 320 321 322 323 324
325 326 327 328 329 330 331 332 333
334 335 336 337 338 339 340 341 342
343 344 345 346 347 348 349 350 351
352 353 354 355 356 357 358 359 360
361 362 363 364 365 366 367 368 369
370 371 372 373 374 375 376 377 378
379 380 381 382 383 384 385 386 387
388 389 390 391 392 393 394 395 396

好，坐感舒适。中档沙发多以胶压纤维板为座和背的底板，上面分层铺垫中密度泡沫和喷胶棉。这种垫层坐感偏硬，回弹性稍差。

打开配套抱枕的拉链，观察并用手触摸里面的衬布和填充物；抬起沙发看底部处理是否细致，沙发腿是否平直，表面处理是否光滑，腿底部是否有防滑垫。

▲选择沙发要挑选合适的颜色。现在市场的沙发颜色很多，纯白、乳白、银灰、紫色、正红等几十种风格各异的沙发供市民挑选。要提醒消费者在家具店里挑选沙发的时候，不要一看到漂亮的沙发就马上决定买。因为沙发摆在店里的样板间，和周围的相配套，感觉很漂亮，却不一定适合自己家里的搭配布局。沙发的颜色、风格应该与自家整体居室的环境相一致。如果装修风格多以欧式简约为主，那么沙发就要以白色为主色调，这样易于与房屋的整体装修风格搭配，也方便搭配其他的家具。如果消费者不喜欢白色，也可以选择其他色调的沙发来进行搭配。